전장회로
진단정비

ELECTRICAL CIRCUIT DIAGNOSTIC MAINTENANCE

구민사

저자약력 | **이종호**

동의과학대학교 전기자동차과 교수

이제훈

현대자동차 부산하이테크센터 하이테크서비스팀 그룹장

전장회로 진단 정비

초판 인쇄 | 2023년 2월 21일
초판 발행 | 2023년 2월 28일

저 자 | 이종호 · 이제훈
발행인 | 조규백
발행처 | 도서출판 구민사
(07293) 서울특별시 영등포구 문래북로 116, 604호(문래동3가 46, 트리플렉스)
전화 | (02) 701-7421(~2)
팩스 | (02) 3273-9642
홈페이지 | www.kuhminsa.co.kr

신고번호 | 제2012-000055호 (1980년 2월 4일)
I S B N | 979-11-6875-186-6 93550

값 26,000원

PREFACE

머리말

눈부시게 발달하는 국내 자동차 산업에 발맞추어 자동차 기술도 급속도로 발전하고 있다. 이제 자동차는 기계, 전자, 통신, 네트워크, 정보산업 등이 총체적으로 결합되고 있으며 앞으로도 더욱 많은 분야의 기술이 융합되어 발전할 것으로 예상된다. 이러한 현실에 따라 자동차 전기회로에 대한 이해와 지식은 그 무엇보다도 중요함을 더해 가고 있다.

자동차의 전기회로를 학습하기 위해서는 자동차에 어떠한 기술이 적용되고 있는지 우선 파악하여야 한다. 아울러 전기 회로에 대한 기초적인 지식도 필요로 하고 있다.

본 교재는 대학 자동차과 1학년 학생들을 대상으로 하고 있으며 기초 전기 전자 과목을 학습한 후에 자동차 전기회로의 기초적인 내용을 이론과 실습을 병행하여 학습할 수 있도록 꾸며 졌다. 본 교재의 회로는 국내에서 가장 널리 사용되는 소나타 차량에 적용된 전기회로와 중형차인 K7 차량에 적용된 전기회로를 기본으로 하고 있다.

자동차의 전자장치는 크게 미등, 안개등, 방향등, 실내등, 전조등 등의 등화장치와 와이퍼 모터, 윈도 모터, 도어록 모터, 선루프 모터, 파워시트 모터 등의 모터장치로 구분할 수 있다. 최근 자동차에는 도난 경보제어, 차선 이탈 경보제어, 타이어 공기압력 경보제어, ECM 룸미러제어, 스마트키 제어 회로 등 스마트기능도 많이 사용되고 있다. 본 교재도 위와 같이 자동차 전등제어, 자동차 모터제어 스마트자동차 제어로 나누어 기술하였다.

본 교재의 순서에 따라 1학기 분량의 회로 실습을 실행하게 되면 학습자 스스로 자동차 전기회로에 대한 부담감을 버릴 수 있으며 그 외의 다른 차량의 전기회로에 대해서도 보다 쉽게 이해 및 적용이 가능할 수 있을 것으로 생각된다.

본 교재를 준비하며 미비한 점이나 오류가 다수 있으리라 생각되므로 여러분의 지도 편달을 바라며, 추후 보충과 보완을 계획하고 있다.

끝으로 책의 출판을 위해 적극적으로 도움주신 도서출판 구민사 조규백 대표님과 직원 여러분께 깊은 감사를 드린다.

저자 씀

CONTENTS

차례

Chapter 01
전자회로도 기호식별 및 고장진단

1. 전자회로도 기호식별법 2
   - 1.1 커넥터 2
   - 1.2 전기회로도 기호 4
2. 전자회로도 고장진단법 10
   - 2.1 고장진단 과정 10
   - 2.2 고장진단 설비 11
   - 2.3 고장진단 테스트 13
3. 퓨즈 및 릴레이의 특성 16
   - 3.1 퓨즈의 특성 16
   - 3.2 릴레이의 특성 17

Chapter 02
자동차 전등제어

1. 경음기 제어 30
   - 1.1 교재의 구성 30
   - 1.2 일반 차량의 경음기 제어회로 실습 31
   - 1.3 경음기 제어 실험 실습 35
2. 방향등 제어 36
   - 2.1 교재의 구성 36
   - 2.2 일반 차량의 방향등 제어 회로실습 36
   - 2.3 방향등 제어 실험 실습 42
3. 비상등 제어 43
   - 3.1 교재의 구성 43
   - 3.2 일반 차량의 비상등 제어 회로실습 43
4. 미등 제어 49
   - 4.1 교재의 구성 49
   - 4.2 일반 차량의 미등제어 회로실습 49
   - 4.3 미등 제어회로 실험 실습 55

5. 안개등 제어 56
5.1 교재의 구성 56
5.2 일반 차량의 안개등 제어 회로실습 56
6. 전조등 제어 61
6.1 교재의 구성 61
6.2 일반 차량의 전조등 제어회로 61
6.3 전조등 제어회로 실험 실습 76
7. 오토라이트 제어 77
7.1 교재의 구성 77
7.2 일반 차량의 오토라이트 제어회로 77

Chapter 03
자동차 모터제어

1. 와이퍼 및 와셔 모터제어 86
1.1 교재의 구성 86
1.2 일반 차량의 와이퍼 및 와셔 제어회로 87
1.3 와이퍼 및 와셔 모터의 실험 실습 93
2. 레인센서 제어 94
2.1 교재의 구성 94
2.2 일반 차량의 레인센서 제어 실습 94
3. 파워 윈도우 제어 101
3.1 교재의 구성 101
3.2. 일반 차량의 윈도우제어 실습 101
4. 파워 도어록 제어회로 109
4.1 교재의 구성 109
5. 파워 아웃사이드 미러 제어 115
5.1 교재의 구성 115
5.2 일반 차량의 파워 아웃사이드 미러 회로실습 115
6. 파워 아웃사이드 미러 폴딩 제어 121
6.1 교재의 구성 121
6.2 일반 차량의 파워 아웃사이드 미러 폴딩 제어 회로실습 121
7. 파워시트 제어회로 126
7.1 교재의 구성 126

7.2 일반 차량의 파워시트 회로실습 126
8. 선루프 제어회로 132
8.1 교재의 구성 132
8.2 일반 차량의 선루프 제어 회로실습 132

Chapter 04

시간 경보장치 제어

1. 간헐 와이퍼(int wiper) 제어 138
1.1. 입·출력요소 제어 138
1.2. 타임차트 139
1.3. 차종별 제어시간 140
2. 워셔 연동 와이퍼 제어 142
2.1 입·출력요소 142
2.2 타임차트 143
2.3 차종별 제어시간 143
3. 열선 타이머 제어 145
3.1 입·출력요소 145
3.2 타임차트 146
3.3 차종별 제어시간 147
4. 감광식 실내등 제어 149
4.1 입·출력요소 149
4.2 타임차트 150
4.3 차종별 제어시간 151
5. 파워 윈도우 타이머 제어 153
5.1 입·출력요소 153
5.2 타임차트 154
5.3. 차종별 제어시간 155
6. 키 회수 제어기능 158
6.1 입·출력요소 158
6.2. 타임차트 159
6.3. 차종별 제어시간 160

7. 안전벨트 경고등 타이머 제어 163
7.1 입·출력요소 163
7.2 타임차트 164
7.3 차종별 제어시간 165
8. 중앙 집중식 도어록 제어 168
8.1 입·출력요소 168
8.2 타임차트 169
8.3 차종별 제어시간 170
9. 미등 자동 소등 제어 172
9.1 입·출력요소 172
9.2 타임차트 173
9.3. 차종별 제어시간 174
10. 오토 도어록 제어 176
10.1 입·출력요소 176
10.2 타임차트 177
10.3 차종별 제어시간 178
11. 시동 키 홀 조명 180
11.1 입·출력요소 제어 180
11.2 타임차트 181
11.3 차종별 제어시간 182
12. 시동 키 탈거시 전도어 언록 제어 184
12.1 입·출력요소 제어 184
12.2 타임차트 185
12.3 차종별 제어시간 186
13. 충돌 감지 언록 제어 188
13.1 입·출력요소 제어 188
13.2 타임차트 189
13.3 차종별 제어시간 190
14. 도난 경보 제어 192
14.1 도난경보기 192
14.2 소나타, 마르샤 차량 193
14.3 그랜저, 그랜저XG, 다이너스티 차량 195
14.4 EF소나타, 아반테, 스타렉스 차량 196
14.5 입·출력요소 198

14.6 타임차트 199
14.7 리모컨 입력방법 206

Chapter 05

부록 – 일반 차량의 정션박스

1. 실내 정션박스 214
1.1 실내 정션박스 214
1.2 회로 215
2. 엔진룸 정션박스 217
2.1 앞면 위치 217
2.2 앞면 회로 218
2.3 뒷면 위치 220
3. 릴레이박스 221
3.1 릴레이박스의 위치 221
4. 커넥터 식별도 222
4.1 메인 하니스 222
4.2 도어 하니스 226

◆ 참고자료 227

Chapter 01

전자회로도 기호식별 및 고장진단

1. 전자회로도 기호식별법
2. 전자회로도 고장진단법
3. 퓨즈 및 릴레이의 특성

01 전자회로도 기호식별법

1.1 커넥터

1.1.1 커넥터의 종류 및 커넥터 핀 넘버링

[1] 커넥터 종류

커넥터(connecter)는 크게 암 커넥터와 수 커넥터로 구분할 수 있으며 수 커넥터는 커넥터 내부에 핀이 돌출되어 있으며 암 커넥터는 수 커넥터의 핀이 꽂혀질 수 있도록 구조가 되어 있다.

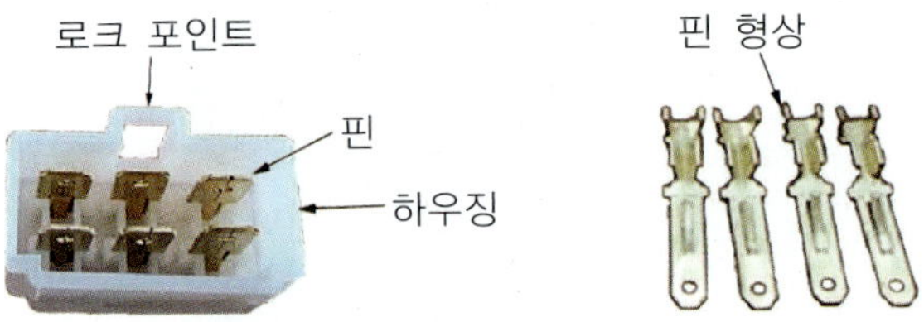

(a) 실제적 형상

(b) 회로도상 표기

[그림 1] **수 커넥터**

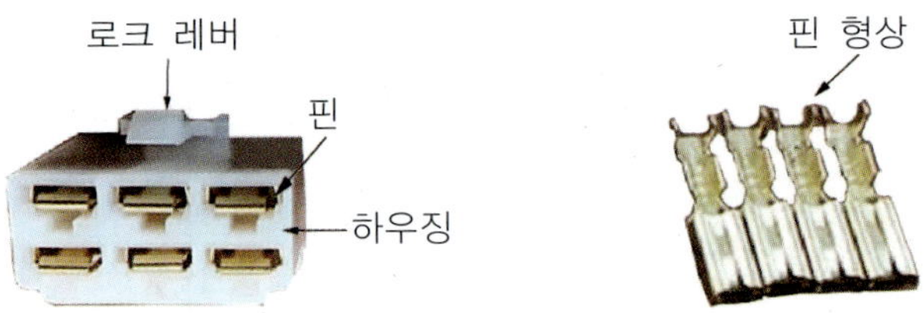

(a) 실제적 형상

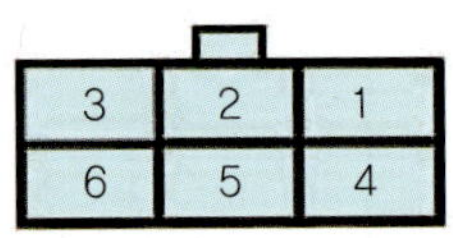

(b) 회로도상 표기

[그림 2] **암 커넥터**

[2] 넘버링

(1) 암 커넥터

암 커넥터는 우측 상단이 1번으로 되어 있고 [그림 3(a)]과 같이 번호가 붙여지고 왼쪽 하단이 마지막 번호가 된다.

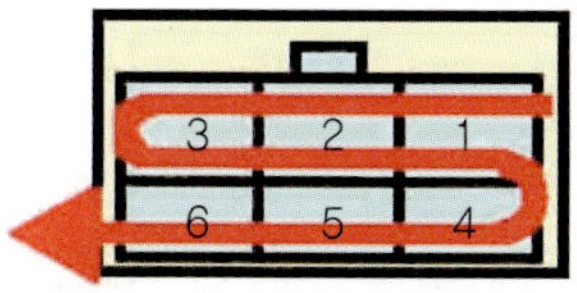

(a) 암 커넥터

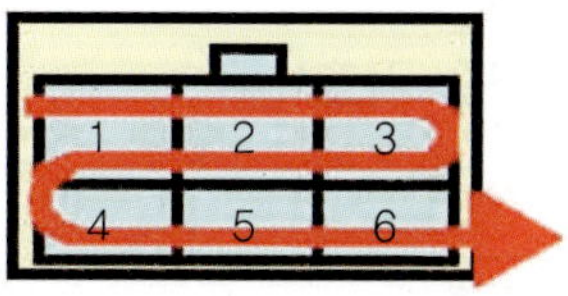

(b) 수 커넥터

[그림 3] **넘버링**

(2) 수 커넥터

수 커넥터는 좌측상단이 1번으로 되어 있고 [그림 3(b)]과 같이 번호가 붙여져서 오른쪽 하단이 마지막 번호이다.

1.1.2 커넥터 식별

[그림 4]는 자동차에서 사용하고 있는 여러 가지 종류의 커넥터의 기호를 표시하였다. 대게는 그 커넥터의 모양과 핀의 수 및 배열을 가지고 커넥터를 구분할 수 있게 된다.

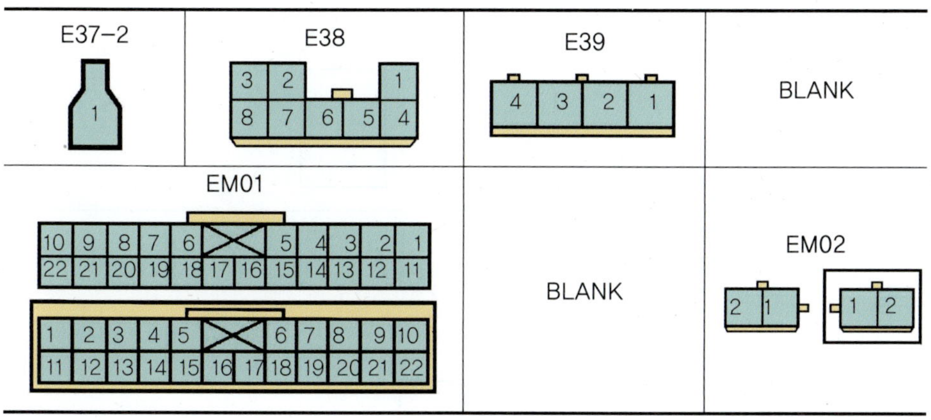

[그림 4] **커넥터의 식별**

위 배열 그림은 각 구성부품에 하니스 커넥터가 연결되지 않은 상태의 배선측 커넥터를 보여준다. 아울러, 하나의 부품에 2개 이상의 커넥터가 연결되어 있는 경우에는 2개 이상의 커넥터를 모두 보여준다.

1.2 전기회로도 기호

1.2.1 전기회로도 기호

[1] 구성부품

기 호	내 용	기 호	내 용
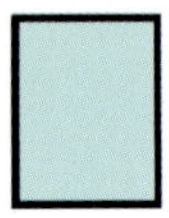	전체 해당 구성품을 의미한다.	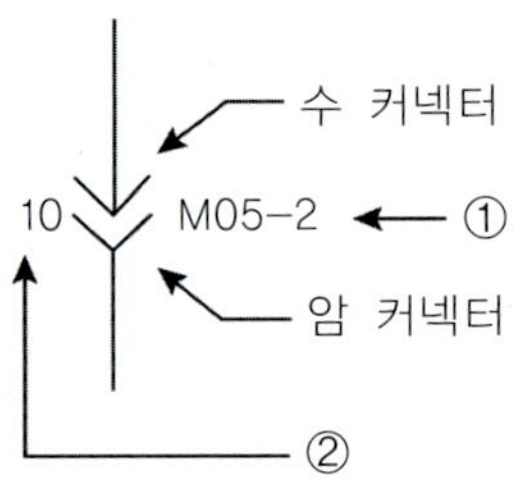	① 참조용으로 각 커넥터의 이름(M05-2)을 나타낸다. ② 해당 단자의 핀 번호(10)가 표시된다.
	해당되는 필요 부분만 표시 된 것을 의미한다.		
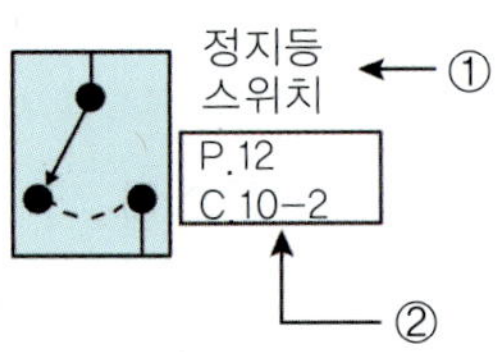	① 구성 부품의 명칭 : 상단부에는 해당 구성부품의 이름을 나타낸다. ② 구성 부품 위치도의 사진 번호와 커넥터 정보 페이지를 나타낸다.		커넥터가 구성부품과 배선으로 연결되었다.
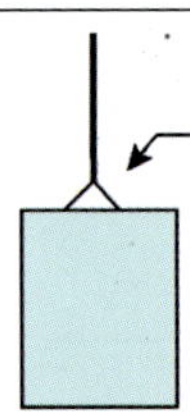	커넥터가 구성 부품에 직접 연결	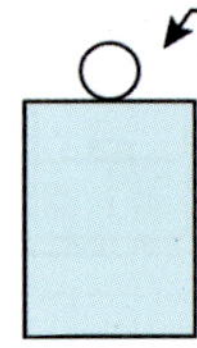	구성부품 자체의 스크류 단자를 의미한다.

[2] 다이오드

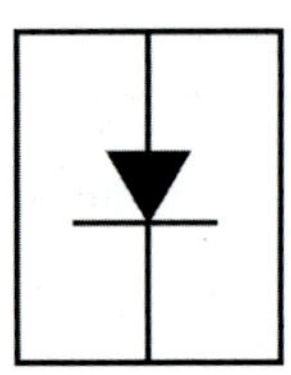

[3] 퓨즈 및 퓨즈블 링크

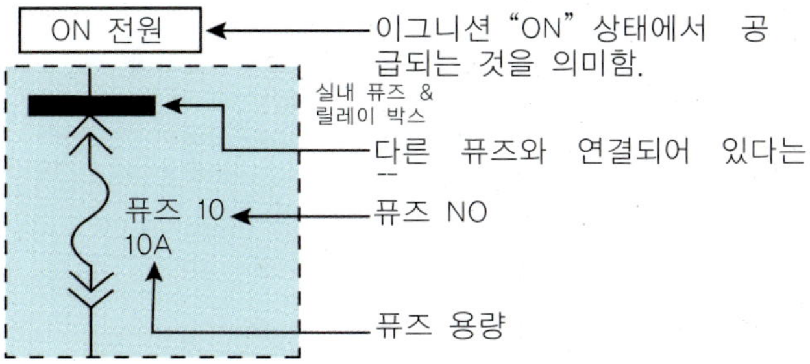

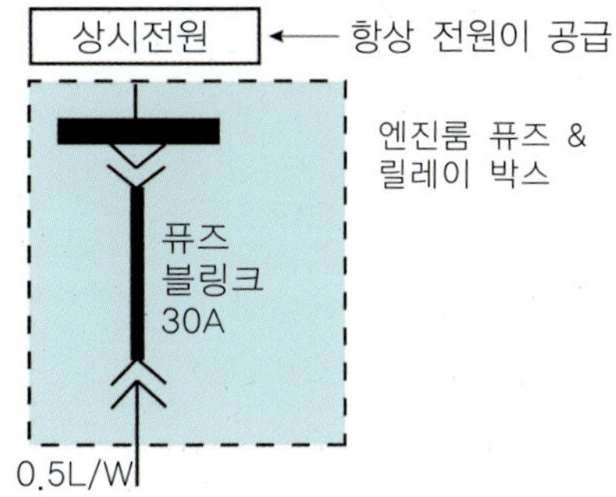

[4] 와이어

기 호	내 용	기 호	내 용
	물결무늬는 선은 끊어져 있지만 이전 또는 다음 페이지에 연결되어 계속된다.	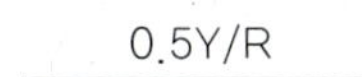	배선칼라(Y/R), 배선 굵기(0.5)를 의미한다.(2가지색 이상으로 피복된 선)
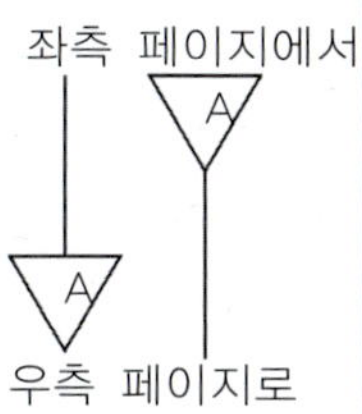	같은 문자를 가진 배선에 연결한다.	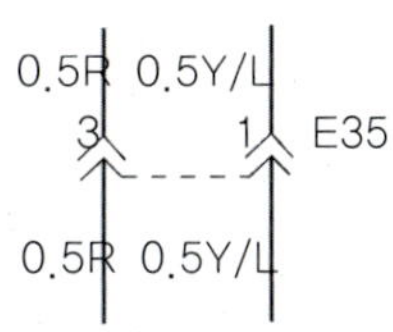	같은 커넥터(E35)에 1번 핀과 3번 핀이 접속된다.
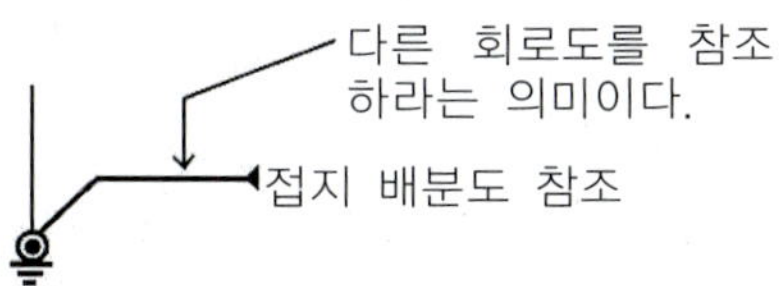		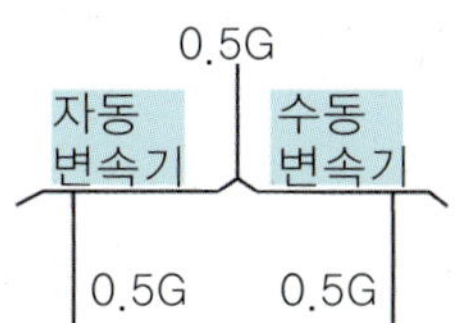	차종이 다른 경우에 구분하기 위해서 사용한다.(해당 사양에 기준한 회로를 판별토록 지시한다.)
	화살표가 지시하는 회로를 참조한다.	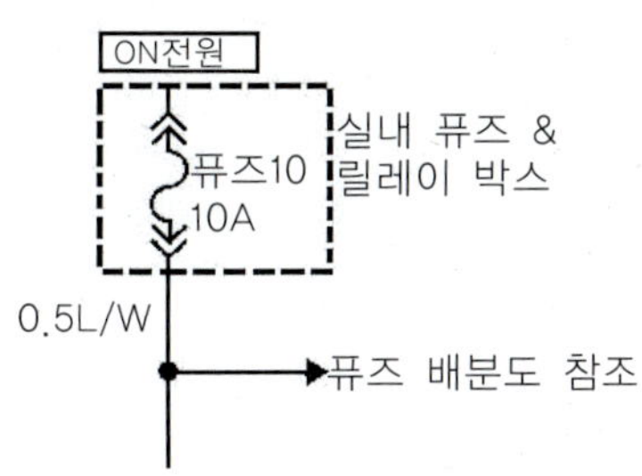	

[5] 조인트

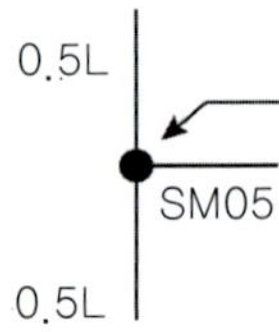

조인트는 선에 점을 찍어서 나타내며 차량에서의 실제적인 위치와 연결은 변화 할 수 있다.

[6] 접지 G

기 호	내 용	기 호	내 용
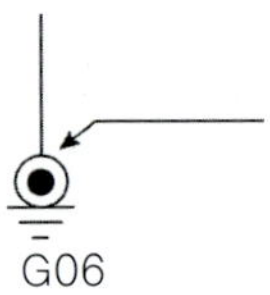	차체에 접지됨 위치는 G06번이다.		부품이 차체에 접지되어 있다.

[7] 실드 와이어

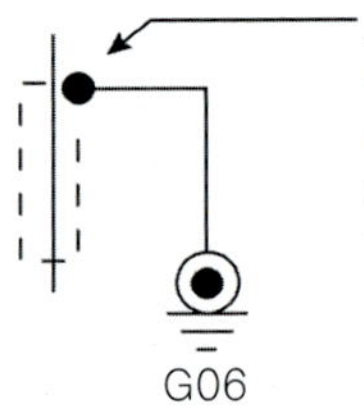

와이어에 전파 차단 보호막이 둘러싸여 있는 것을 나타내며, 항상 접지 상태에 있다. (주로 엔진 및 T/M을 컨트롤하는 센서 측에 사용된다.)

[8] 스위치

기 호	내 용	기 호	내 용
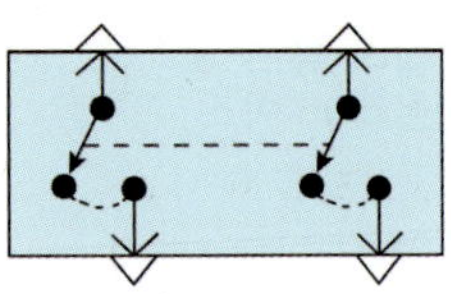	두 개의 스위치가 동시에 작동한다.	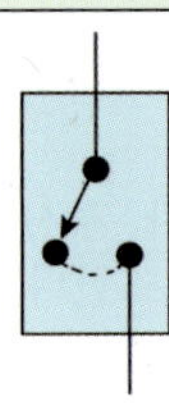	한 개의 스위치가 작동한다.

[9] 릴레이

기 호	내 용
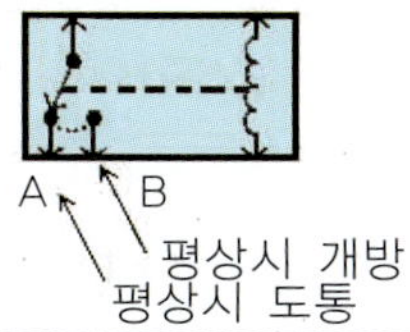	코일에 전류가 흐르면 스위치는 B에 붙고, 전류가 흐르지 않으면 A에 위치한다.

[10] 조인트 커넥터

기 호	내 용
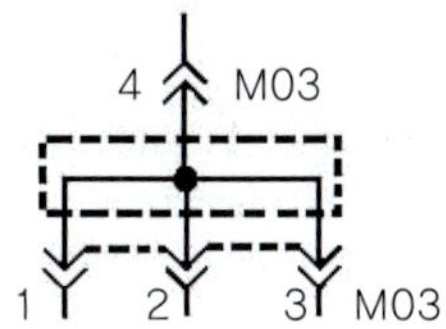	와이어가 커넥터 내부에서 연결된다.

[11] 경고등

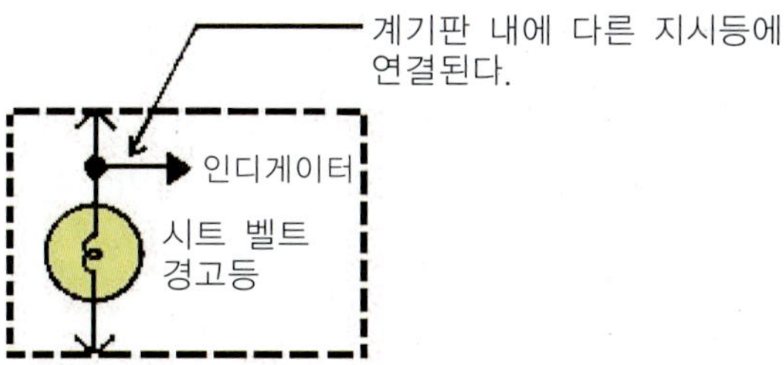

1.2.2 배선색깔 약어

배선은 조립 및 식별을 용이하게 하기 위해 절연체에 base color와 sub color가 표시되며, 표시는 base color를 앞에 sub color를 뒤에 표시한다. 전선의 색깔은 전선 피복의 바탕색, 보조 줄무늬 색깔의 순서로 표시한다.

AVX-0.5GR(Y)
AVX : 내열 자동차용 배선
0.5 : 전선 단면적(0.5㎟)
G : 바탕색(녹색)
R : 줄무늬 색(빨간색)
Y : 튜브 색(노란색)

본 책자의 전기회로도에서 사용하는 배선색깔은 다음과 같이 되어 있다.

기 호	와이어 색상	기 호	와이어 색상
B	검정색(Black)	O	오렌지색(Orange)
Br	갈색(Brown)	P	분홍색(Pink)
G	초록색(Green)	R	빨강색(Red)
Gr	회색(Gray)	T	황갈색(Tawny)
L	파랑색(Blue)	W	흰색(White)
Lg	연두색(Light Green)	Y	노랑색(Yellow)
Ll	하늘색(Light Blue)	Pp	자주색(Purple)

1.2.3 하니스 식별기호

전선을 배선할 때 한선씩 처리하는 경우도 있지만 대부분 같은 방향으로 설치될 전선을 다발로 묶어 처리하는 경우가 많다. 이런 전선 묶음을 전선 하니스(wiring harness) 또는 간단히 하니스라 한다. 하니스로 배선을 하면 전선이 간단해지고 작업이 쉬워진다. 자동차용 하니스는 한조 이상으로 구성되며, 본 책자의 전기 회로도상의 하니스의 문자는 다음과 같이 되어 있다.

하니스 명칭	위 치	심 벌
메인, 플로워, 루프, 시트 하니스	실내 구성품	M
엔진 하니스	엔진룸	E
인스트루먼트, 에어백 하니스	크래쉬 패드	I
컨트롤 하니스	엔진룸	C
도어 하니스	도어	D
트렁크 리드 & 룸 하니스	차량 후미/트렁크 부위	R

1.2.4 커넥터의 식별

[1] 부품과 와이어의 연결

커넥터 식별기호는 다음과 같이 표시한다.

C 10 -1

- -1 : 보조 커넥터 일련번호
- 10 : 메인 커넥터 일련번호
- C : 컨트롤 하니스 심벌

[2] 와이어 간의 연결

와이어와 와이어의 연결 커넥터는 아래의 심벌로 나타낸다.

M R 01

- 01 : 커넥터 일련번호
- R : 리어 와이어 하니스 심벌
- M : 메인 와이어 하니스 심벌

[3] 정션박스와의 연결

정션박스 커넥터는 아래의 심벌과 같이 된다.

I/P -A

- -A : 실내 정션박스 내의 커넥터 명칭
- I/P : 실내 정션박스를 나타내는 약어

J M 01

- 01 : 커넥터 일련번호
- M : 메인 와이어 하니스 심벌
- J : 정션박스를 나타내는 약어

02 전자회로도 고장진단법

2.1 고장진단 과정

2.1.1 문제점 분석(제1단계)

자동차의 전기회로의 문제점을 분석하기 위해서는 문제되는 회로의 구성부품을 작동시킨 다음 현상을 검토하고, 현상을 기록한다.

2.1.2 회로도의 판독 및 분석(제2단계)

전기회로도에서 고장회로를 찾아 시스템 구성부품에의 전류 흐름을 파악한다. 또한 고장회로를 공유하는 다른 회로도를 참조한다. 같은 퓨즈, 접지, 스위치 등을 공유하는 회로를 각 회로도에서 참조한다. 그리고 점검하지 않았던 공유되는 회로를 작동시켜 본다. 공유회로의 작동이 정상이면 고장회로 자체의 문제이고, 몇 개의 회로가 동시에 문제가 있으면 퓨즈나 접지상의 문제일 것이다.

2.1.3 회로 및 구성부품 검사(제3단계)

회로 테스터를 실시하여 2단계의 고장진단을 점검한다. 효율적인 고장진단은 논리적이고 단순한 과정으로 실시되어야 한다. 가장 큰 원인으로 파악된 부분부터 테스트를 실시하며, 테스트가 쉬운 부분에서부터 시작한다.

2.1.4 고장수리(제4단계)

고장이 발견되면 필요한 수리를 실시한다.

2.1.5 회로작업 확인(제5단계)

수리 후 확인을 위해 다시 한번 더 점검을 실시한다. 만약 문제가 퓨즈가 끊어지는 것이었다면, 그 퓨즈를 공유하는 모든 회로의 테스트를 실시한다.

2.2 고장진단 설비

2.2.1 전압계 및 테스트램프

전압계는 전위차를 나타내는 방식에 따라 아날로그와 디지털로 나뉜다. 아날로그 전압계는 바늘이 눈금을 가리키는 것으로, 디지털 전압계는 아날로그-디지털 변환회로를 통해 전압을 계기판에 숫자 형태로 각각 표시한다.

테스트 램프는 보통 한쪽 끝은 집게로 되어 있고, 다른 쪽 끝은 바늘 침으로 되어 있으므로 집게를 차체나 필요한 곳에 물려놓고 다른 쪽에 바늘 침을 사용하여 배선의 도통 여부 등을 확인하는 데 사용한다.

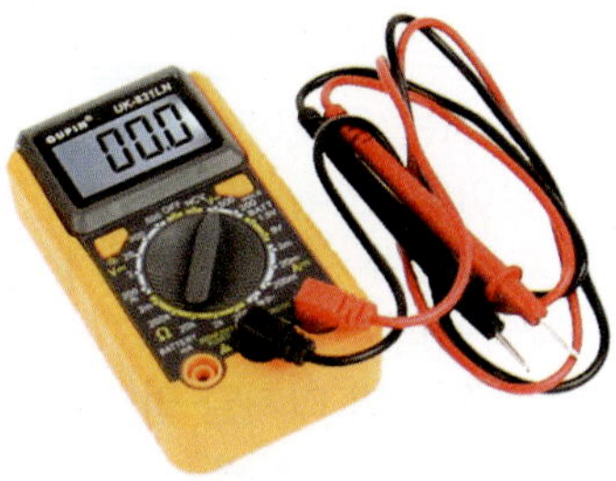

(a) 전압계

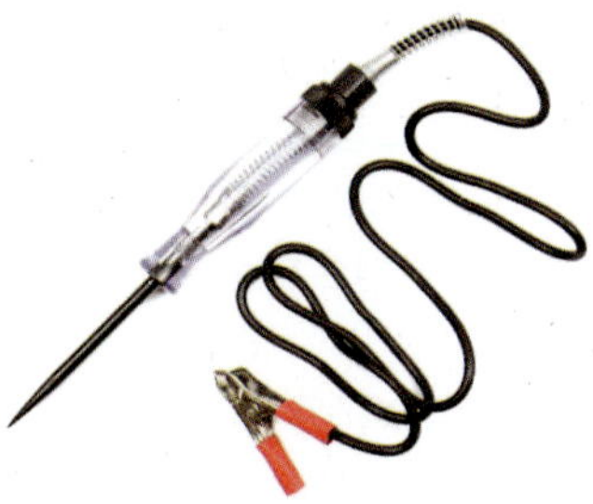

(b) 테스트 램프

[그림 5] **전압계 및 테스트램프**

테스트 램프의 중앙에는 전구가 연결되어 있으므로 전구에 불이 켜지면 배선에 전류가 흐르는 것을 알게 된다. 단, 전원은 없으므로 외부의(자동차 배터리) 것을 사용해야 한다.

REFERENCE

회로는 컴퓨터 제어 인젝션과 함께 사용하는 ECU와 같은 반도체가 포함된 모듈(유닛)을 갖는다. 이러한 회로의 전압은 10MΩ 이나 그 이상의 임피던스를 갖는 디지털 볼트 메타로 테스트해야 한다. 안정상태의 모듈이 포함된 회로는 테스트램프 사용시 내부 회로가 손상될 수 있으므로 테스트램프를 절대 사용하지 말아야 한다.
테스트램프와 동일한 요령으로 전압계를 사용할 수도 있으며, 전압의 유・무만 판독하는 테스트램프와는 달리 전압계에서는 전압의 세기까지 표시한다.

2.2.2 자체 전원 테스트램프

자체 전원 테스트램프는 배터리가 내방되어 있는 것으로 자동차의 배터리가 없어도 진단할 수 있는 장점이 있다. 사용방법은 테스트램프와 동일하다.

[그림 6] **자체 전원 테스트램프**

REFERENCE

> 반도체가 포함된 유닛(ECU, TCU가 접속된 상태)회로에서는 유닛이 손상될 위험이 있으므로 자체 전원 테스트램프를 사용하지 말아야 한다. 저항기는 자체 전원 테스트램프 위치에서 사용할 수 있으며, 회로의 두 지점간의 저항을 나타낸다. 낮은 저항은 양호한 통전상태를 나타낸다.
> 반도체가 포함된 유닛회로는 10MΩ 이나 임피던스가 큰 용량의 디지털 멀티미터만 사용해야 한다. 디지털 멀티미터로 저항 측정시에는 배터리의 (−)단자는 분리해야 한다. 그렇지 않을 경우 부정확한 수치가 나타날 수 있다. 회로상에서 다이오드나 모듈에서는 잘못된 수치를 나타낼 수 있다. 유닛이 측정치에 영향을 줄 경우에는 수치를 한번 측정한 후 리드를 반대로 갖다대고 다시 한번 측정한다. 측정치가 다르면 유닛이 영향을 미치는 것이다.

2.2.3 퓨즈 포함된 점프 와이어

열려진 회로를 통과해야 할 때는 점프 와이어를 사용한다. 점프 와이어는 스몰 클램프 커넥터와 함께 대부분의 커넥터에 손상을 주지 않고 사용 가능하다.

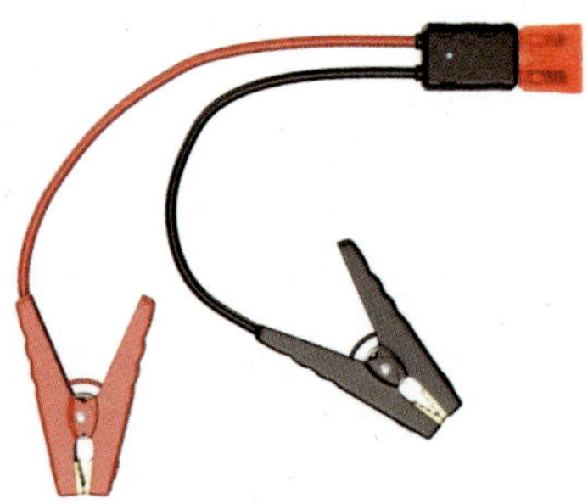

[그림 7] **점프 와이퍼**

REFERENCE

테스트되는 회로보호를 위해 정격 퓨즈 용량 이상의 것은 사용하지 말아야 한다. ECU, TCU 등과 같은 것은 커넥터가 접속된 유닛 상태에서 입·출력을 위한 대체용 등 어떤 상황에서도 사용해서는 안 된다.

2.3 고장진단 테스트

2.3.1 전압테스트

커넥터의 전압측정시에는 커넥터를 분리시키지 않고 탐침을 커넥터 뒤쪽에서 꽂아 점검한다. 커넥터의 접속표면사이의 오염, 부식 등으로 고장이 발생될 수도 있다.

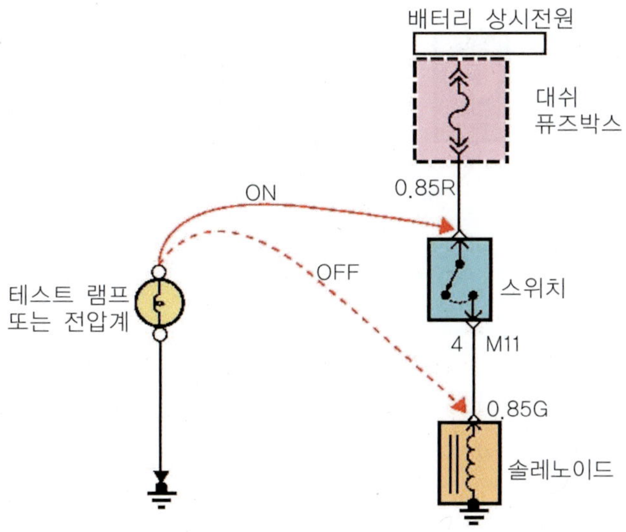

[그림 8] **전압테스트**

① 테스트램프나 전압계의 한쪽 리드선을 접지시킨다. 전압계 사용시는 접지시키는 쪽에 반드시 전압계의 (-)리드선을 연결해야 한다.

② 테스트램프나 전압계의 다른 한쪽 탐침을 선택한 테스트 위치(커넥터나 단자)에 연결한다.

③ 테스트램프가 켜진다면 전압이 있다는 것을 의미한다.

④ 전압계 사용시는 수치를 읽는다. 규정치보다 1V 이상 낮은 경우는 고장이다.

2.3.2 통전테스트

① 배터리 (−)단자를 분리한다.

② 자체 전원 테스트램프나 저항기의 한쪽 리드선을 테스트하고자 하는 회로의 한쪽 끝에 연결한다. 저항기 사용시에는 리드선 2개를 함께 잡는 다음 저항이 0Ω이 되도록 저항기를 조정한다.

③ 다른 한쪽 리드선은 테스트하고자 하는 회로의 다른 한쪽 끝에 연결한다.

④ 자체 전원 테스트램프가 켜지면 통전상태이다. 저항기 사용시에는 저항이 0Ω 또는 값이 작을 때 양호한 통전상태를 나타낸다.

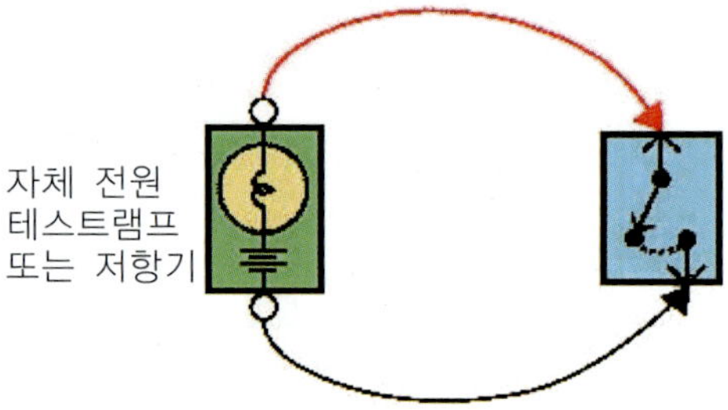

[그림 9] **통전 테스트**

2.3.3 접지 단락테스트

① 배터리의 (−)단자를 분리한다.

② 자체 전원 테스트램프나 저항기의 한쪽 리드선을 구성품 한쪽의 퓨즈단자에 연결한다.

③ 다른 한쪽 리드선은 접지시킨다.

④ 퓨즈박스에서 근접해 있는 하니스부터 순차적으로 점검해 간다.

⑤ 자체 전원 테스트램프가 열화되거나 저항이 기록되면 그 위치점 주의 와이어링의 접지가 단락된 것이다.

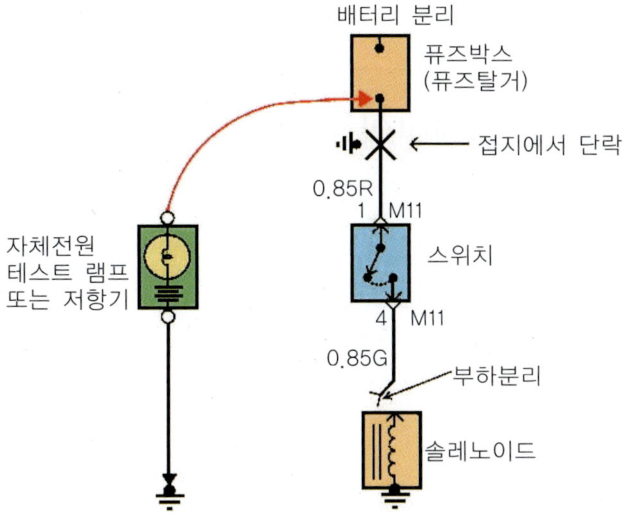

[그림 10] **접지 단락테스트**

03 퓨즈 및 릴레이의 특성

3.1 퓨즈의 특성

3.1.1 형태별 명칭

① 블레이드형(blade type)
② 카트리지형(cartridge type)
③ 볼트 다운형(bolt down type)
④ 멀티형(multi type)

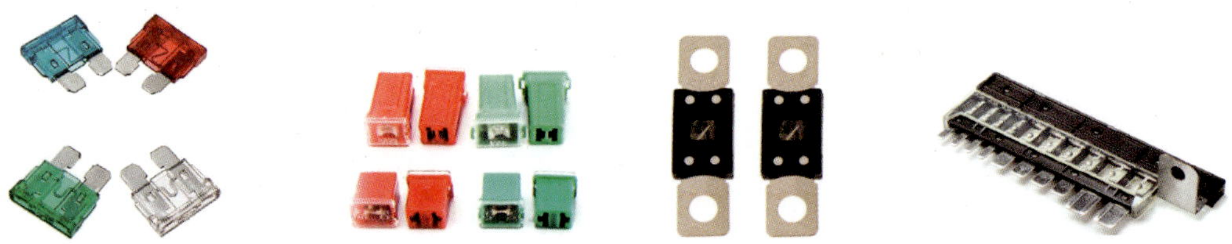

(a) 블레이드형 (b) 카트리지형 (c) 볼트 다운형 (d) 멀티형

[그림 11] **퓨즈의 형태**

3.1.2 정격용량

퓨즈는 회로에서 발생하는 최대 전류의 1.25~2배 정도를 정격용량을 사용하는데 이를 안전율이라 한다. 이는 회로에서 발생할 수 있는 일시적인 과부하로부터 퓨즈의 잦은 끊어짐을 방지하기 위한 것이다.

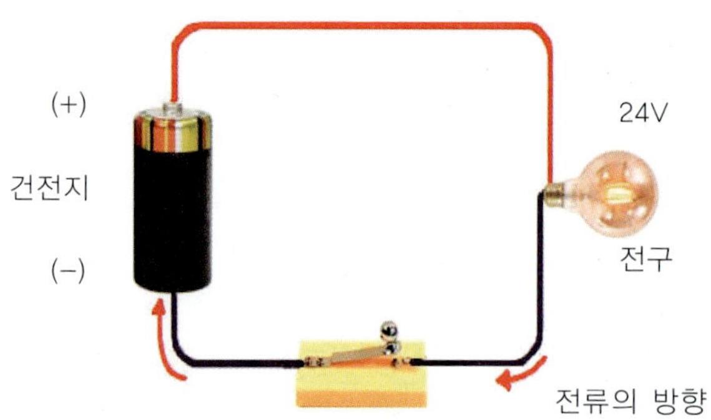

[그림 12] **전기회로**

3.1.3 퓨즈의 특성

[1] 패스트 블로우(fast-blow) 퓨즈

① 자체 용량보다 큰 전류가 흐를 때 가용체가 빠르게 끊어지는 특성이 있다.

② 주로 인-러쉬 전류발생이 적은 등화장치 등의 회로에 사용한다.

[2] 슬로우 블로우(slow-blow) 퓨즈

① 자체 용량보다 큰 전류가 흐를 때 가용체가 천천히 끊어지는 특성이 있다.

② 주로 인-러쉬 전류발생이 큰 모터 제어 회로 등에 사용한다.

(a) 패스트 블로우 퓨즈 (b) 슬로우 블로우 퓨즈

[그림 13] **퓨즈의 종류**

3.2 릴레이의 특성

3.2.1 릴레이의 구조 및 원리

릴레이란 '연결한다.' 는 의미로 자동차에서는 전원과 부하사이에 설치되어 필요시 전원을 연결하거나 차단하는 기능을 한다.

자동차에서는 릴레이를 많이 사용하게 되었으며 릴레이의 설치 수가 늘어남으로 릴레이를 효율적으로 관리하기 위해 각종 릴레이를 한곳으로 모아서 설계하게 된다. 이렇게 한곳에 릴레이가 모여 있게 됨으로서 회로의 진단에 있어 릴레이를 많이 활용하게 된다. 회로의 진단에 있어 릴레이에서 해당회로의 진단이 가능하게 되는데 이는 릴레이가 제어의 특성인 입력과 출력의 관계를 가지므로 가능하게 된다.

릴레이는 퓨즈와 함께 대부분 정션박스 등에 설치되는데 최근에는 다양한 반도체를 이용하여 릴레이 기능을 대체함으로써 그 사용이 많이 줄고 있지만 아직도 여전히 많은 회로에 사용되고 있다. 릴레이는 철심에 코일을 감고 전류를 흘리면 전자석이 되는 원리를 이용하고 있다.

[그림 14] **릴레이 박스**

릴레이는 코일에 전류가 흘러 전자석이 되면 위쪽의 철판을 잡아당겨 접점이 ON되고, 전류가 차단되면 스프링에 의해 접점이 원복 되는 구조로 되어 있다.

(a)

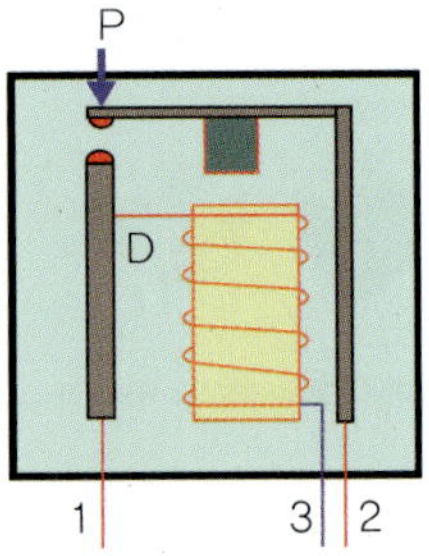

(b)

[그림 15] **릴레이 구조**

3.2.2 릴레이의 종류

릴레이는 접점의 동작형태에 따라 구분한다.

① **M(make)접점** : 작동시 회로가 만들어 진다는 의미이다(N.O : normal open).

② **B(break)접점** : 작동시 회로가 차단된다는 의미이다(N.C : normal close).

③ **T(transfer)접점** : 작동시 전류의 경로가 바뀐다는 의미이다(2way).

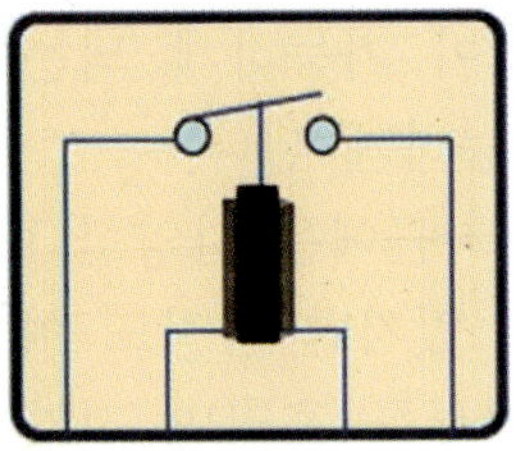

(a) M접점

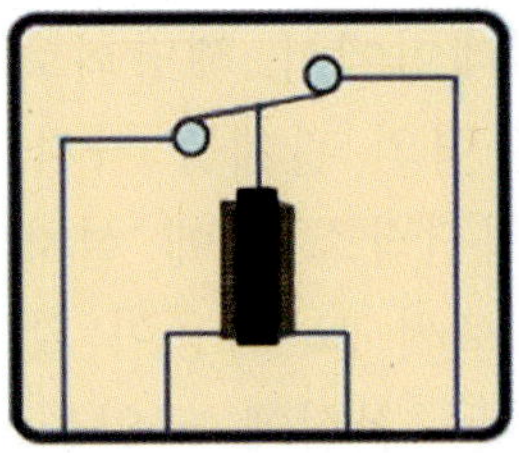

(b) B접점

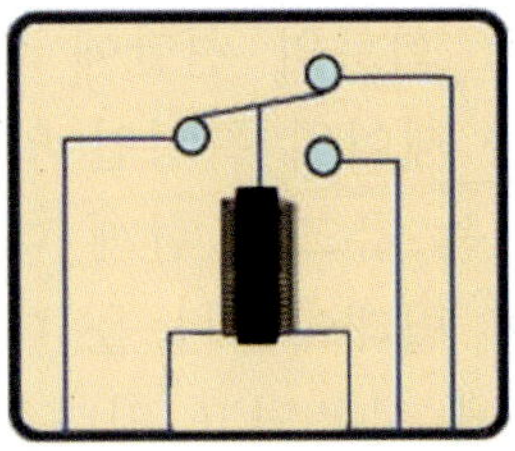

(c) T접점

[그림 16] **릴레이의 종류**

3.2.3 릴레이 단자특성

릴레이는 일정한 규격에 의해 제작되기 때문에 단자마다에는 고유번호가 표기되어 있다. 일반적으로 85번과 86번 단자는 릴레이의 코일단자를 의미하고, 30번과 87번 단자는 릴레이 접점 단자를 의미한다. T접점 릴레이의 경우에는 상시 ON접점을 87a로 표시하고 있다.

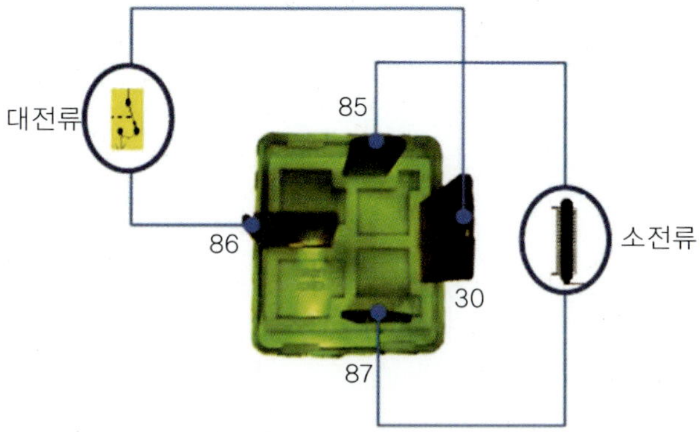

[그림 17] **릴레이 단자특성**

참고로 릴레이는 단자의 형상을 통해서도 코일 측 단자인지, 접점 측 단자인지를 구분할 수 있다. 릴레이 코일에 흐르는 전류는 접점에 흐르는 전류와 비교하여 1/100 수준의 소전류가 흐르기 때문에 코일 측 단자는 그 크기가 작게 되어 있다. 하지만 접점 측 단자는 부하를 구동하기 위해 큰 전류가 흐르기 때문에 단자의 크기도 상대적으로 크게 되어 있다.

릴레이가 회로에 적용될 때는 이러한 단자의 고유번호에 의해 일정한 규칙을 가지고 결선된다.

① **코일 전원단자(85번)** : B+ 또는 IG전원과 연결한다.
② **부하 전원단자(30번)** : B+ 또는 IG전원과 연결한다.
③ **코일 제어단자(86번)** : 스위치 또는 전자제어 유닛과 연결한다.
④ **부하 전원단자(87번)** : 부하에 연결한다.

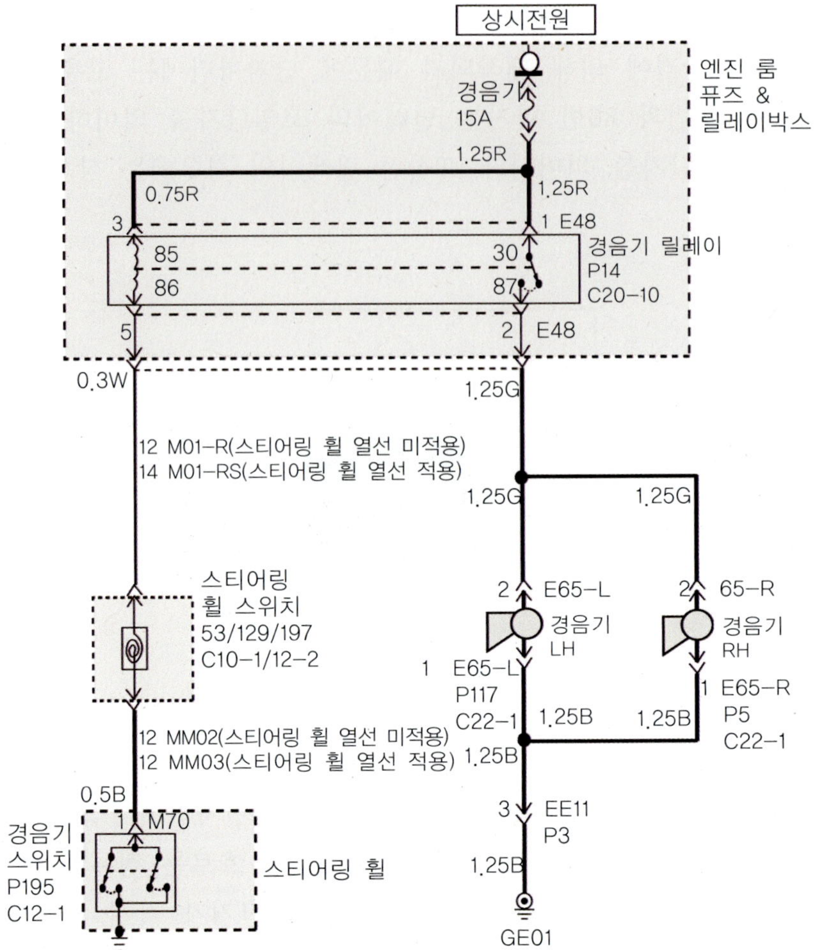

[그림 18] **릴레이회로**

3.2.4 릴레이를 사용하는 이유

릴레이는 사용하는 첫번째 이유는 소전류로 대전류를 제어하기 위해서이다. 이는 다음과 같이 스위치로 부하를 직접 제어하는 경우, 직렬로 연결된 스위치에는 매우 큰 전류가 흐르게 된다. 따라서 스위치 ON/OFF시 접점에 스파크가 발생하게 된다. 이러한 스파크는 흐르는 전류가 클수록 크게 발생하게 되는데 스파크는 접점에 검은 산화철을 발생시켜 접촉 불량을 야기하거나 접점을 손상시켜 스위치의 수명을 단축시키는 원인이 된다.

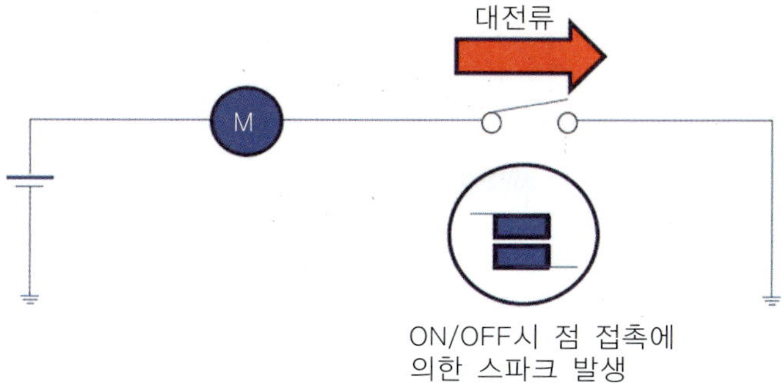

[그림 19] **스위치로 부하를 직접 제어하는 경우**

또한 전자제어장치에서는 각종 부하를 제어하기 위한 수단으로 스위치 대신 반도체 소자인 트랜지스터를 사용하고 있다. 따라서 [그림 20]과 같은 경우라면 유닛 내부로 많은 전류가 흐르기 때문에 이로 인해 발생하는 열에 대한 대책도 확보해야 한다.

특히 TR이 OFF될 때는 TR의 컬렉터 측에 역 기전력, 즉 서지가 발생하게 되는데 이러한 서지는 매우 짧은 시간 동안 나타나지만 TR이 손상되는 원인이 된다.

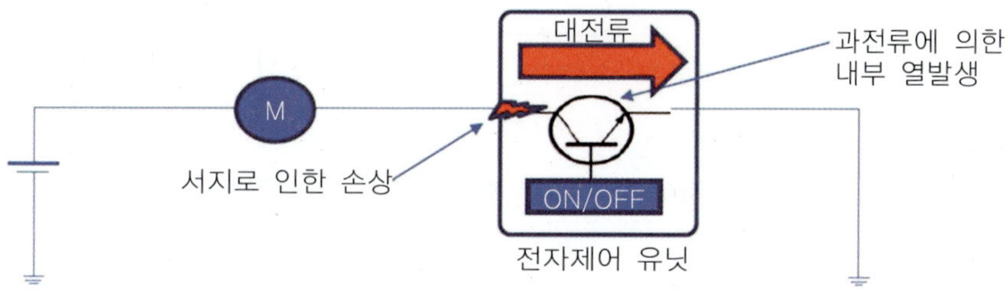

[그림 20] **트랜지스터로 부하를 직접 제어하는 경우**

하지만 이러한 문제들은 소비전류가 작은 릴레이 제어를 통해 소비전류가 큰 부하를 제어함으로써 해결할 수 있다. 즉 스위치가 ON되면 코일이 자화되어 릴레이 접점이 ON되는데, 이때 릴레이 접점으로는 대전류가 흐르지만 코일에는 매우 적은 전류가 흐르게 된다.

따라서 릴레이 코일과 직렬로 연결된 스위치에서 발생하는 스파크를 최소화 할 수 있다. 이로 인해 스위치의 수명이 연장될 뿐 아니라 소용량의 스위치 사용이 가능하고 또한 가는 배선을 사용할 수 있다.

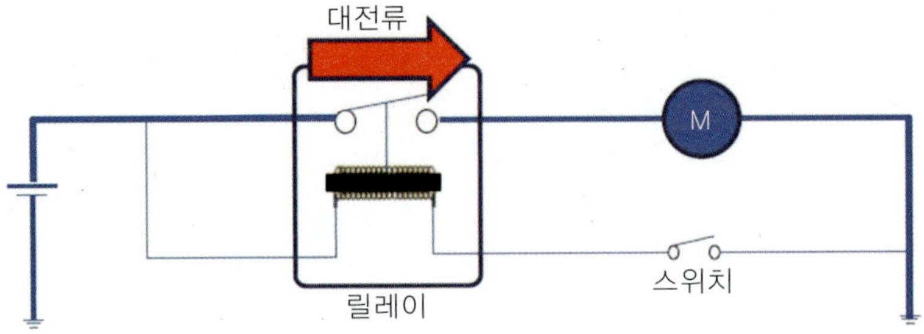

[그림 21] **스위치를 통해 릴레이로 부하를 제어하는 경우**

또한 전자제어 유닛을 이용하는 경우에도 유닛은 소비전류가 작은 릴레이 코일을 제어함으로서 과전류에 의한 열발생이나 서지에 의한 TR의 손상을 방지할 수 있다.

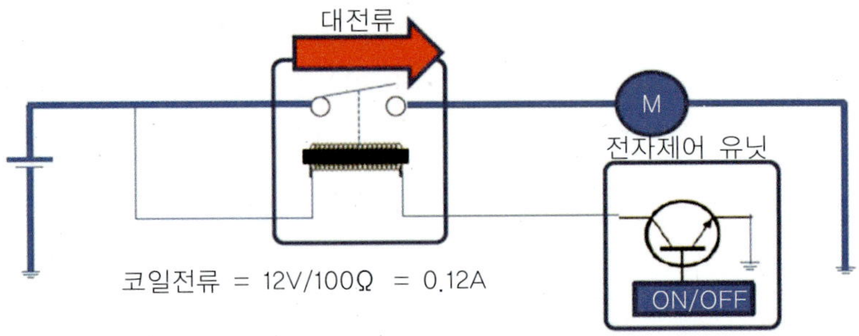

[그림 22] **전자제어 유닛을 통해 릴레이로 부하를 제어하는 경우**

참고로 릴레이 코일과 접점에 흐르는 전류의 크기는 살펴보면, 일반적으로 자동차용 릴레이의 코일저항은 100Ω 정도가 사용되기 때문에 코일 측에 흐르는 전류는 약 120mA 정도가 흐르게 된다. 하지만 릴레이 접점에 흐를 수 있는 정격전류는 통상 10~30A 정도로 코일에 흐르는 전류에 비하면 매우 크다 할 수 있다. 이러한 의미에서 릴레이는 소전류로 대전류를 제어할 수 있다고 하는 것이다.

하지만 릴레이 접점에는 대전류가 흐르기 때문에 여전히 스파크가 발생한다. 이 때문에 릴레이에 사용되는 접점은 스파크가 잘 일어나지 않고, 일어나더라도 산화철이 잘 생기지 않는 특수 접점을 사용하여 스파크를 최소화하고 있다. 또한 릴레이는 전기적으로 작동하기 때문에 빠르고 일정한 속도의 ON/OFF가 가능하며 이 또한 접점부의 스파크를 줄이는 요인으로 작용되고 있다.

릴레이를 사용하는 두 번째 이유는 전원배분의 효율성 향상과 회로설계의 용이성 때문이다. 자동차에 적용되는 대부분의 전기장치는 시동키 ON상태에서 작동된다. 이 때 시동키만을 이용하여 많은 전장품에 전원을 공급하게 된다면 배터리에서 시동키까지는 매우 큰 전류가 흐르게 된다.

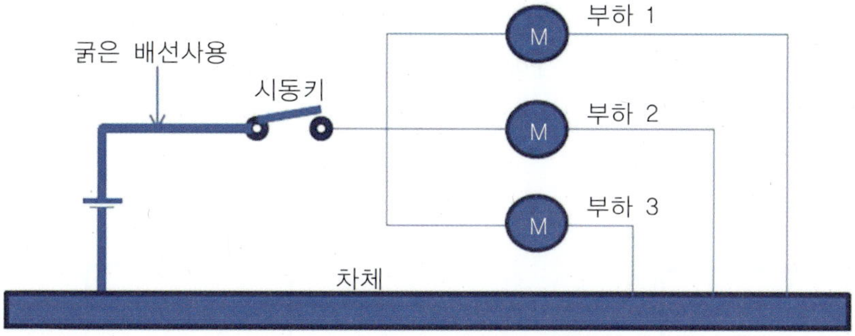

[그림 23] **시동키 용량 및 크기증대**

따라서 이 구간의 배선은 매우 굵은 배선을 사용해야 하는 것은 물론 시동키의 용량, 즉 크기도 매우 크게 해야 할 것이다.

하지만 릴레이를 사용하면 릴레이 제어 전원과 부하작동 전원을 달리함으로써 적절한 전원 배분을 통해 와이어링 설계의 효율성을 향상시킬 수 있다. 즉 시동키로는 소비전류가 적은 릴레이를 제어하고 소비전류가 큰 부하에는 배터리 전원을 사용함으로써 시동 키에 집중되는 전원을 효율적을 분배할 수 있다. 따라서 릴레이를 사용하면 시동 키의 크기나 배선의 굵기, 길이, 레이아웃 등을 자유롭게 설계할 수 있다는 이점이 있다.

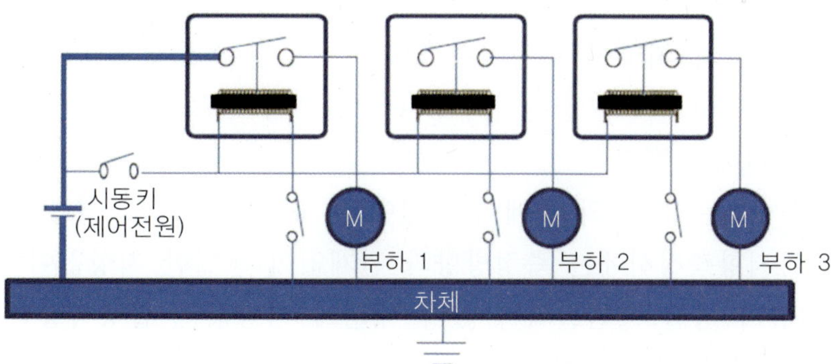

[그림 24] **릴레이 사용시 시동키 용량**

3.2.5 릴레이 서지보호 회로

서지는 매우 짧은 시간 동안 나타났다가 사라지는 비정상적인 고전압을 말하는데 주로 코일류에 흐르던 전류가 차단될 때, 전류가 흐르는 반대방향으로 발생된다. 이 때 발생하는 서지는 전원 전압의 수십 배에 이르며, 외부로 방출될 길이 없기 때문에 전자제어장치의 경우 구동 TR에 가해져 TR을 손상시키는 원인이 된다. 따라서 릴레이에는 다이오드나 저항을 코일과 병렬로 설치하여 폐회로(close loop)를 구성함으로써 서지의 발생을 억제하고 있다.

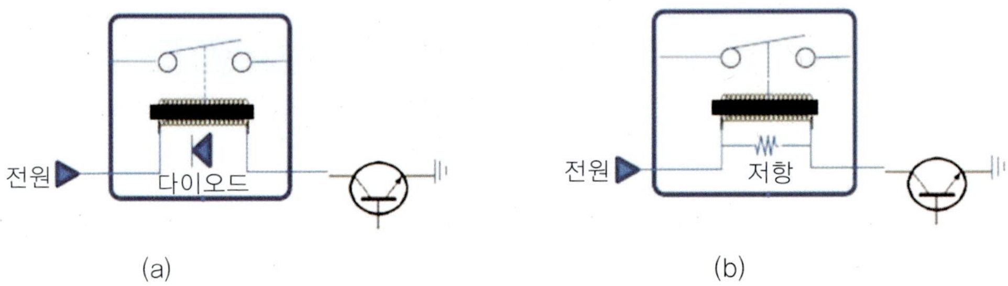

[그림 25] **릴레이 서지보호 회로**

3.2.6 릴레이 점검시 유의사항

일반적으로 자동차에 사용되는 릴레이의 코일저항은 약 100Ω 정도이다. 다이오드 타입 릴레이는 이 저항에 다음과 같은 다이오드를 병렬로 연결한 것이다. 따라서 저항측정시 방향에 주의해야 한다. 즉 다음과 같이 역방향으로 측정시에는 다이오드에 의한 영향이 없기 때문에 저항은 약 100Ω 측정되지만 순방향으로 측정시에는 다이오드의 영향으로 코일의 저항이 측정되지 않는다. 또한 회로결선시 다이오드의 극성이 반대로 연결되면 다이오드가 소손되거나 관련회로의 퓨즈가 단선될 수 있기 때문에 연결방향에도 유의해야 한다.

저항 타입 릴레이는 100Ω 의 릴레이 코일에 약 680Ω 정도의 저항을 병렬로 연결한 것이다. 따라서 저항측정시에는 측정방향과 관계없이 동일한 저항값이 측정된다. 하지만 두 개의 저항이 병렬로 연결되어 있기 때문에 저항값은 합성저항인 약 87Ω 정도가 측정된다는 점을 참고해야 한다.

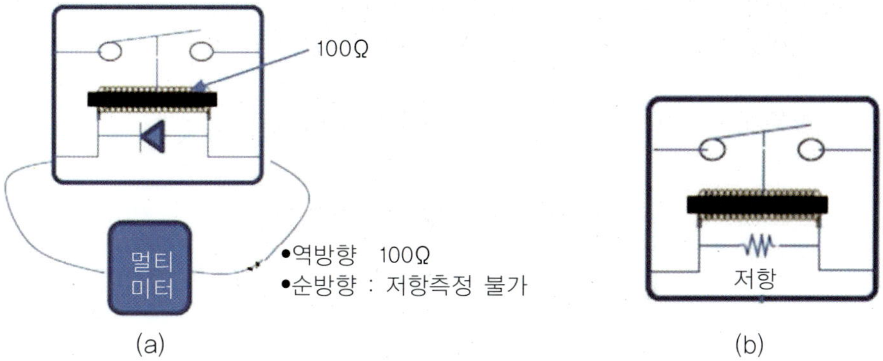

[그림 26] **릴레이 점검**

3.2.7 릴레이 종류별 점검 방법

[1] 3-pin 릴레이

① 스위치를 닫았을 때, 1번과 3번 사이에 전류가 흐르게 되면 전자석 작용이 생긴다(연결할 때 "딸깍" 하는 소리가 들린다).

② 릴레이 내부의 두 접점이 붙어 릴레이의 1번과 2번이 연결되어 미등에 불이 들어오면 정상이다.

③ **릴레이 단품 점검:** 저항 점검 시 1번 단자와 3번 단자 측정 시 저항값이 나오고, 1번 단자에 축전지(+) 단자를 연결하고, 3번 단자에 축전지(-) 단자를 연결하면 릴레이의 1번 단자와 2번 단자 사이 저항값이 0Ω 이 나오면 정상이다.

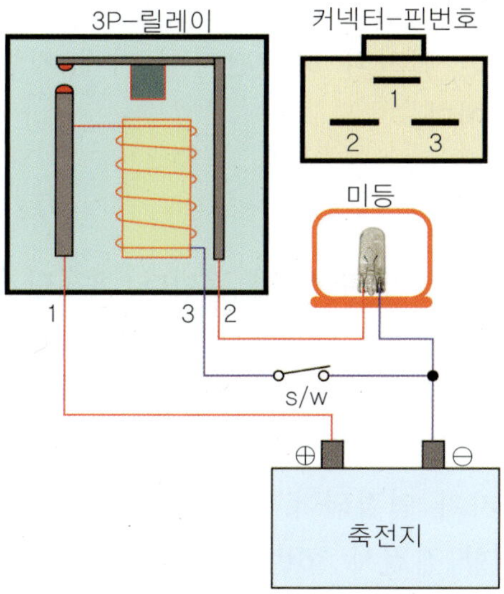

[그림 27] **3-Pin 릴레이를 이용한 회로**

[2] 4-pin 릴레이

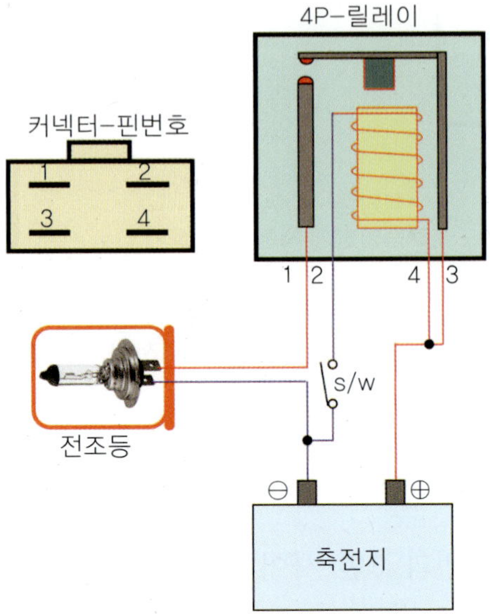

[그림 28] **4-Pin 릴레이를 이용한 회로**

① 스위치를 닫았을 때, 2번 단자와 4번 단자 사이에 전류가 흐르면 전자석 작용이 발생한다(연결할 때 "딸깍" 하는 소리가 들린다).

② 1번 단자와 3번 단자가 연결되어 전조등에 불이 들어오면 정상이다.

③ **릴레이 단품 점검**: 저항 점검시 2번 단자와 4번 단자 측정시 저항값이 나오고, 릴레이 4번 단자에 축전지(+) 단자를 연결하고, 2번 단자에 축전지(-) 단자를 연결한다. 릴레이의 1번 단자와 3번 단자 사이에 저항을 측정하였을 때 저항값이 0Ω 이 나오면 정상이다.

[3] 5-pin 릴레이

5p릴레이는 4p릴레이에서 87a가 추가 된 것이다. 87a단자는 87번 단자가 작동하지 않을 때 작동하는 회로에 사용할 때 사용하기도 한다.

① 스위치를 닫았을 때, 86번 단자와 85번 단자 사이에 전류가 흐르면 전자석 작용이 발생한다(연결할 때 "딸깍" 하는 소리가 들린다).

② 30번 단자와 87번 단자가 연결되어 전구에 불이 들어오면 정상이다.

③ **릴레이 단품 점검**: 저항 점검시 86번 단자와 85번 단자 측정시 저항값이 나오고, 릴레이 86번 단자에 축전지(+) 단자를 연결하고, 85번 단자에 축전지(-) 단자를

연결한다. 릴레이의 30번 단자와 87번 단자 사이에 저항을 측정하였을 때 저항값이 0Ω 이 나오면 정상이고 86번 단자와 85번 단자의 축전지를 탈거하면 30번 단자와 87a단자 사이에 저항이 0Ω 이 나오면 정상이다.

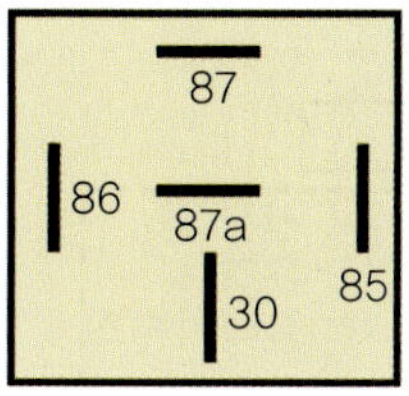

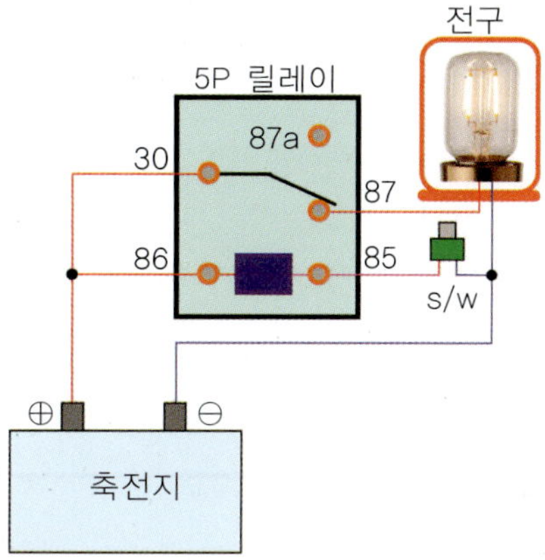

[그림 29] **5-Pin 릴레이를 이용한 회로**

3.2.8 릴레이회로 점검

릴레이의 단품을 점검하기 위해서 코일 저항만을 측정하는 것은 릴레이의 특성에 대해 정확히 이해가 부족한 것에서 비롯된다. 릴레이의 코일을 점검하기 위해 저항을 측정하는 것은 코일 내부 단선이나 단락을 확인하기 위한 것이다.

릴레이의 고장은 코일측 보다는 접점 측에 많은 문제가 발생하기 때문에 릴레이의 접점을 점검하는 것에 비중을 두는 것이 중요하다. 릴레이 접점 이상은 부하의 동작이 불안정하거나 부하의 동작불가로 이어지므로 릴레이의 접점 점검은 릴레이를 구동하고 30번 단자와 87번 단자 간의 도통시험이 중요하다. 릴레이 점검에 회로구성이 복잡할 경우는 릴레이를 탈거하고 실차의 배선을 점검하면 보다 쉽게 접근할 수 있는데 이 경우 소모전류가 조금 큰 테스터 램프를 활용하는 것이 유리할 수 있다.

① 테스트램프의 클립을 접지에 연결하고 30번 단자 테스터시 램프 점등을 확인한다.

② 테스트램프의 클립을 접지에 연결하고 85번 단자 테스터시 램프 점등을 확인한다.

③ 테스트램프의 클립을 전원에 연결하고 해당 제어 스위치 작동 후 86번 단자 테스터시 램프 점등을 확인한다.

④ 테스터램프의 클립을 전원에 연결하고 87번 단자 테스터시 램프 점등을 확인한다.

릴레이 구동회로에서 각 단자별 특성이 정상이라면 릴레이를 점검하면 되고, 회로 내 단자 특성에 문제가 있다면 회로를 우선 점검하면 될 것이다.

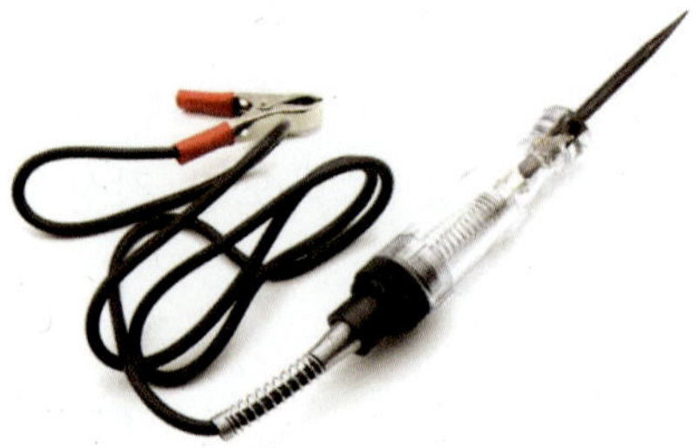

(a) 테스트램프

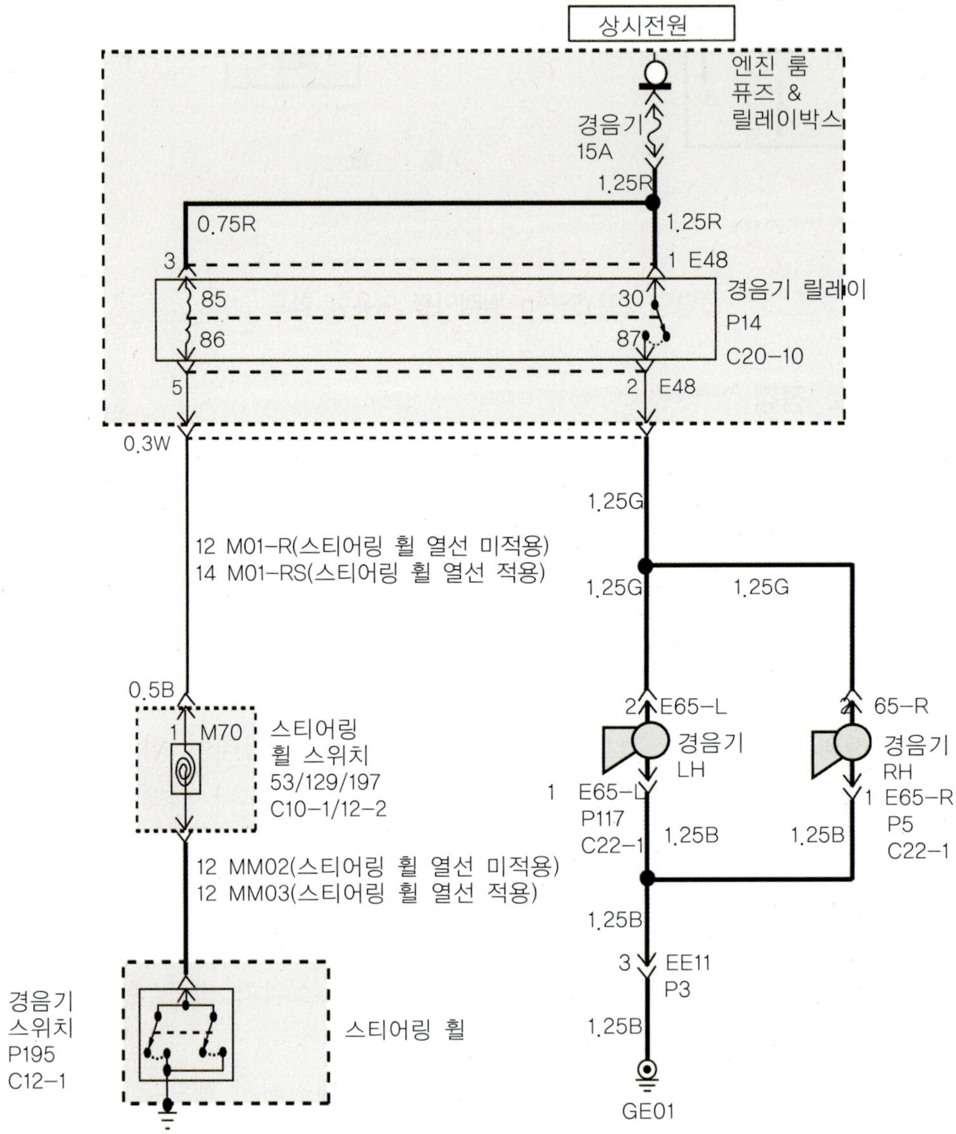

(b) 회로 예(경음기 회로)

[그림 30] 릴레이 회로점검

Chapter

02

자동차 전등제어

1. 경음기 제어
2. 방향등 제어
3. 비상등 제어
4. 미등 제어
5. 안개등 제어
6. 전조등 제어
7. 오토라이트 제어

01 경음기 제어

1.1 교재의 구성

[1] 내용소개

자동차 경음기의 고장진단 및 정비에 필요한 관련 지식과 그 목적을 달성하기 위한 기본적이 능력인 자동차 경음기 전기 회로도를 해독할 수 있도록 실습을 구성하였다. 여러 가지 해석문제와 실습을 통해 학생 스스로 흥미를 갖고 회로도의 해석에 자신감을 갖을 수 있도록 한다. 학습 후 학생 스스로 자신의 학습능력을 검토할 수 있도록 하였다.

[2] 학습목표

여러 가지 종류의 자동차 경음기장치를 고장진단하고 정비하는데 필요한 여러 차종의 경음기 전기 회로도를 설명할 수 있다.

[3] 선수학습 모듈

자동차 전기부품 및 전자장치에 대한 구조 및 작동원리에 대한 기초적인 지식을 타 교과에서 이수하도록 한다.

1.2 일반 차량의 경음기 제어회로 실습

[1] 주요어

경음기, 다기능 스위치, 스티어링 휠, 경음기 릴레이

[2] 개요

자동차 경음기의 고장진단 및 정비에 필요한 관련 지식과 그 목적을 달성하기 위한 기본적이 능력인 자동차 경음기 전기 회로도를 해독할 수 있도록 실습을 구성하였다. 여러 가지 해석문제와 실습을 통해 학생 스스로 흥미를 갖고 회로도의 해석에 자신감을 갖을 수 있도록 한다. 학습 후 학생 스스로 자신의 학습능력을 검토할 수 있도록 하였다.

[3] 학습목표

여러 가지 종류의 자동차 경음기장치를 고장진단하고 정비하는데 필요한 여러 차종의 경음기 전기 회로도를 설명할 수 있다.

QUESTION 01

다음 회로도를 보고 경음기에 소리가 나기 위해서 경음기스위치를 작동시킬 때의 전류의 흐름을 상시전원부터 접지까지 회로도 위에 표시하시오.

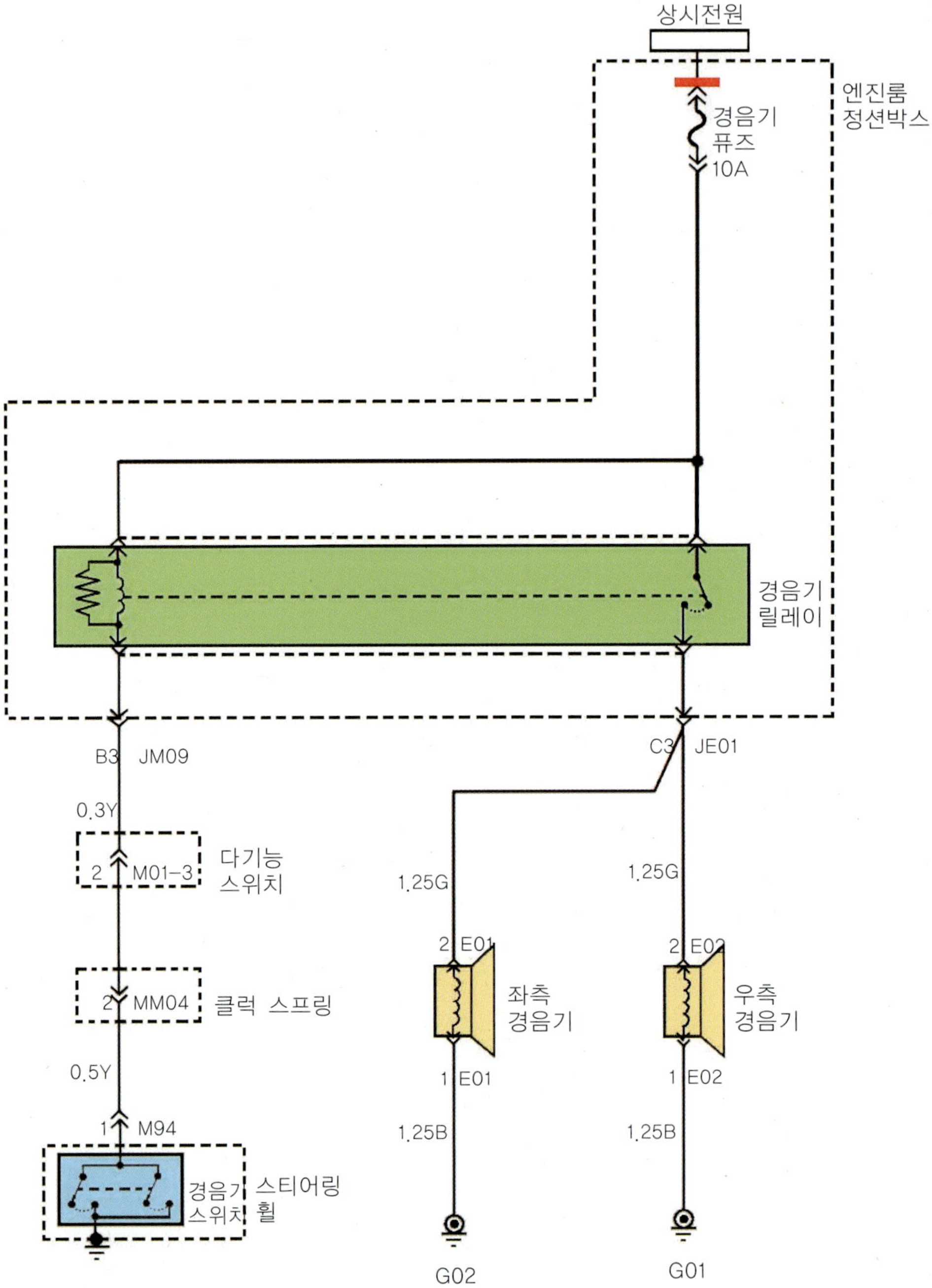

QUESTION 02

전류 흐름도를 보고 다음 물음에 답하시오.

01. 경음기에 소리가 나기위해서 경음기 스위치를 작동시키는 경우에 회로도상의 전류가 흐르는 요소들을 잘 보고 2개의 (　　)를 채우시오.

[1] 경음기 스위치를 ON하여 경음기 릴레이를 동작시킨다.

상시전원 → 엔진룸 정션박스 경음기 퓨즈 → 경음기 릴레이 코일 → JM09의 B3번 핀 → M94의 (　　　　)번 핀 → 경음기 스위치 → ON → 경음기 스위치 접지

[2] 좌・우측 경음기 스피커에서 소리가 난다.

상시전원 → 엔진룸 정션박스 경음기퓨즈 경음기 릴레이스위치 → ON →

JE01의 C3번 핀 → E01의 (　　)번 핀 →
　　　　　　　　→ E02의 2번 핀 →

→ 좌측 경음기 → E01의 1번 핀 → G02 접지

→ 우측 경음기 → E02의 1번 핀 → G01 접지

02. 위의 회로도에서 경음기 스피커와 스위치 중에서 전기배선의 굵기가 더 굵은 쪽은 어디인가? 그렇게 한 이유는 무엇이라고 생각되는지 적으시오.

03. 위의 회로도에서 경음기의 소리를 내게 하는데 경음기 릴레이를 사용한 목적은 무엇일까? 아래에 적으시오.

04. 위 전기회로도에 나타난 전기배선의 모든 색깔을 아래에서 찾아서 (　　)안에 적으시오.

검정색, 갈색, 초록색, 회색, 파랑색, 연두색, 하늘색,
오렌지색, 분홍색, 빨강색, 황갈색, 흰색, 노랑색, 자주색

(　　　　　　　　　　) (　　　　　　　　　　) (　　　　　　　　　　)

1.3 경음기 제어 실험 실습

실습

01. 경음기는 정상적으로 구동이 되었는가?

예(　　　), 아니오(　　　)

02. 경음기 릴레이 및 퓨즈를 탈부착 하시오

03. 주어진 차량의 회로도를 이용하여 릴레이 탈거후 +, - 전원을 점검하시오.

경음기 스위치 비작동시 E45 −1,2,3,5핀 점검	체크램프 : 1.	2.	3.	5.
경음기 스위치 작동시 E45 −1,2,3,5핀 점검	체크램프 : 1.	2.	3.	5.

04. 경음기 퓨즈 및 경음기 커넥터(E17) 탈거 후 +, - 전원을 점검하시오.

경음기 스위치 작동시 E45 -1,2,3,5핀 점검 (퓨즈탈거)	체크램프 : 1.	2.	3.	5.
경음기 스위치 작동시 E45 -1,2,3,5핀 점검 (경음기 커넥터 탈거)	체크램프 : 1.	2.	3.	5.

05. 경음기 회로에 고장부분을 점검한 후 기록표에 기록 · 판정하시오.

측정 항목	① 측정(또는 점검)		② 판정 및 정비(또는 조치)사항	
	이상부위	내용 및 상태	판정 (□에 "✔" 표)	정비 및 조치할 사항
경음기 회로			□ 양호 □ 불량	

02 방향등 제어

2.1 교재의 구성

[1] 내용소개

자동차 방향등장치의 고장진단 및 정비에 필요한 관련 지식과 그 목적을 달성하기 위한 기본적이 능력인 자동차 방향등 전기 회로도를 해독할 수 있도록 실습을 구성하였다. 여러 가지 해석문제와 실습을 통해 학생 스스로 흥미를 갖고 회로도의 해석에 자신감을 갖을 수 있도록 한다. 학습 후 학생 스스로 자신의 학습능력을 검토할 수 있도록 하였다.

[2] 학습목표

여러 가지 종류의 자동차 방향등장치를 고장진단하고 정비하는데 필요한 여러 차종의 방향등 전기 회로도를 설명할 수 있다.

[3] 선수학습모듈

자동차 전기부품 및 전자장치에 대한 구조 및 작동원리에 대한 기초적인 지식을 타 교과에서 이수하도록 한다.

2.2 일반 차량의 방향등 제어 회로실습

[1] 주요어

방향등, 다기능스위치, 계기판, 플래셔 유닛

[2] 개요

자동차 방향등의 고장진단 및 정비에 필요한 관련 지식과 그 목적을 달성하기 위한 기본적이 능력인 자동차 방향등 전기회로도를 해독할 수 있도록 실습을 구성하였다.

여러 가지 해석문제와 실습을 통해 학생 스스로 흥미를 갖고 회로도의 해석에 자신감을 갖을 수 있도록 한다. 학습 후 학생 스스로 자신의 학습능력을 검토할 수 있도록 하였다.

[3] 학습목표

여러 가지 종류의 자동차 방향등장치를 고장진단하고 정비하는데 필요한 여러 차종의 방향등 전기 회로도를 설명할 수 있다.

QUESTION 01

다음 회로도를 보고 다기능스위치를 사용해서 좌측 방향등을 켰을 때의 전류의 흐름을 회로도에서 ON/START 전원부터 접지까지 회로도 위에 표시하시오.

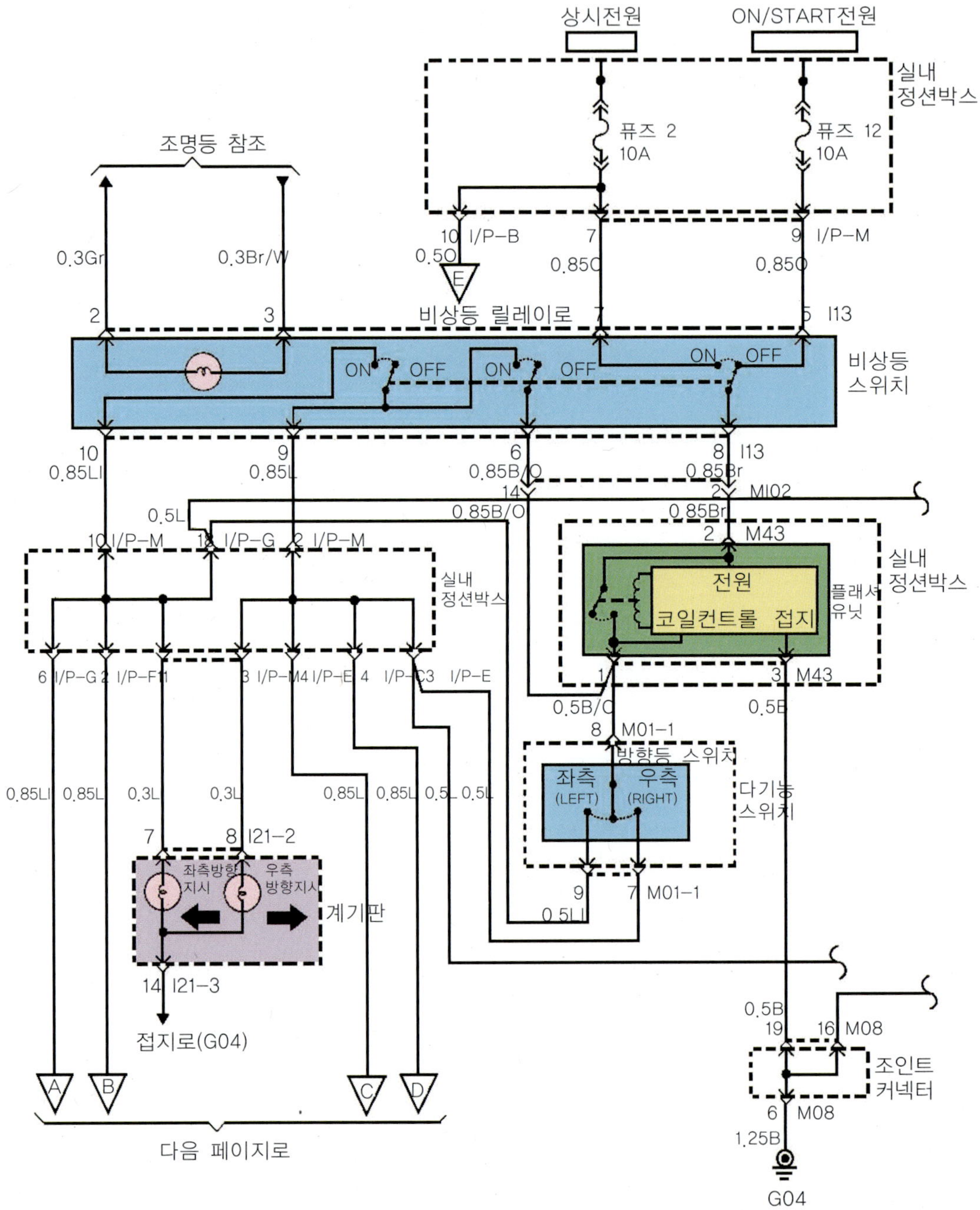

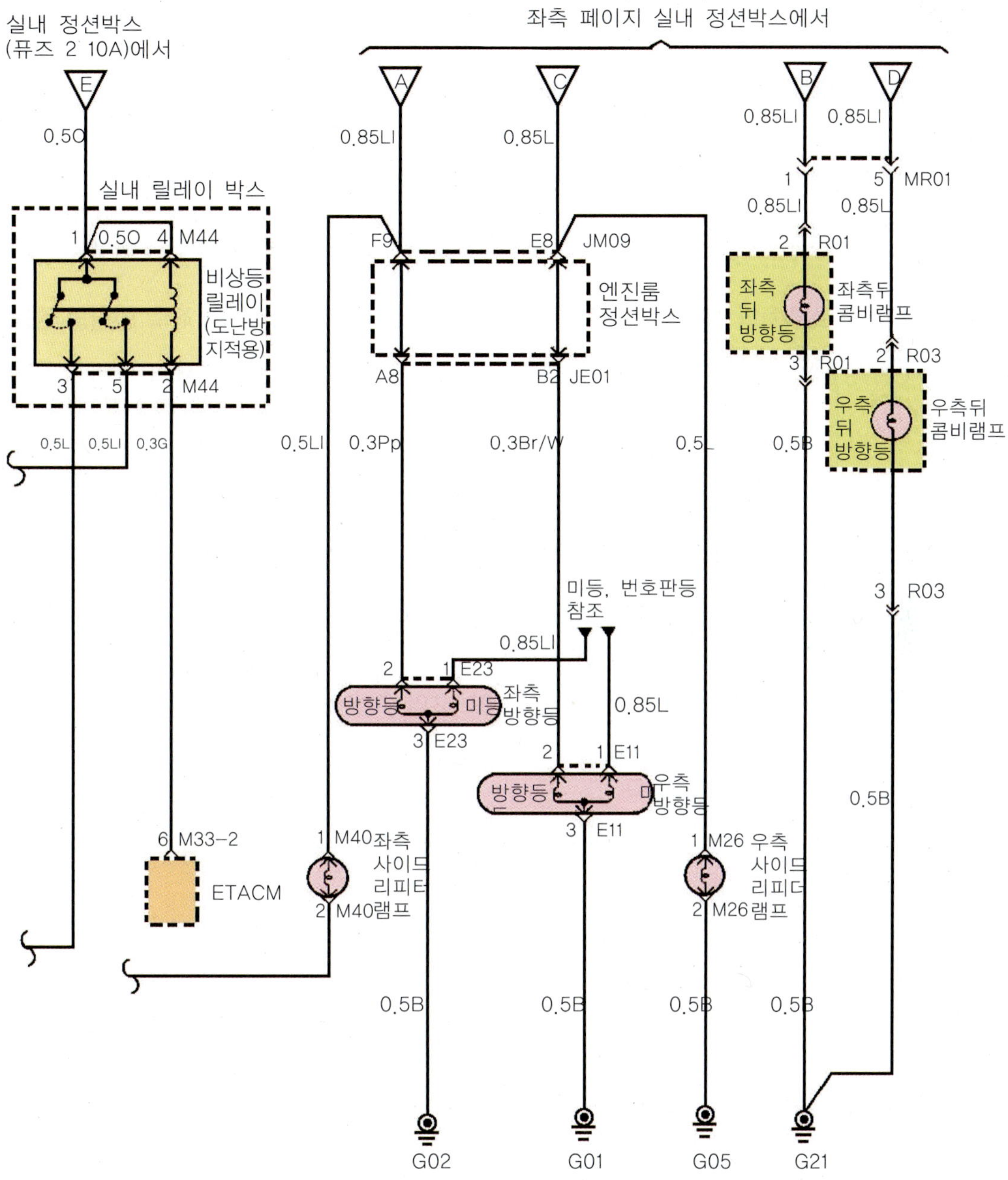
실내 정션박스
(퓨즈 2 10A)에서
좌측 페이지 실내 정션박스에서
E
A
C
B
D
0.5O
0.85LI
0.85L
0.85LI
0.85LI
1
5
MR01
0.85LI
0.85L
실내 릴레이 박스
1
0.5O
4
M44
비상등
릴레이
(도난방
지적용)
3
5
2
M44
F9
E8
JM09
엔진룸
정션박스
A8
B2
JE01
2
R01
좌측
뒤
방향등
좌측뒤
콤비램프
3
R01
2
R03
우측
뒤
방향등
우측뒤
콤비램프
0.5L
0.5LI
0.3G
0.5LI
0.3Pp
0.3Br/W
0.5L
0.5B
3
R03
미등, 번호판등
참조
0.85LI
2
1
E23
방향등
미등
좌측
방향등
3
E23
0.85L
2
1
E11
방향등
미
우측
방향등
3
E11
0.5B
6
M33-2
ETACM
1
M40
좌측
사이드
리피터
2
M40
램프
1
M26
우측
사이드
리피터
2
M26
램프
0.5B
0.5B
0.5B
0.5B
G02
G01
G05
G21

QUESTION 02

전류 흐름도를 보고 다음 물음에 답하시오.

01. 다기능 스위치를 사용해서 좌측 방향등을 켜는 경우에 회로도상의 전류가 흐르는 요소들을 잘 보고 4개의 (　)를 채우시오.

[1] 다기능 스위치의 방향등 스위치를 좌측(LEFT)으로 ON함, 계기판의 좌측 방향등 점등

ON/START 전원 → 실내 정션박스의 퓨즈 12 → I/P-M의 9번 핀 → I13의 5번 핀 → 비상등 스위치 → I13의 8번 핀 → M43의 2번 핀 → 플래셔 유닛 → M43의 1번 핀 → M01-1의 8번 핀 → 방향등스위치 좌측(LEFT) → ON → M01- 1의 (　)번 핀 → I/P-G의 18번 핀

→ 실내 정션박스 → I/P-G의 6번 핀 → A

→ I/P-F의 2번 핀 → B

→ I/P-M의 11번 핀 → I21-2의 7번 핀

[2] 계기판의 좌측방향등 점등

I21-2의 7번 핀 → 계기판(좌측 방향지시등) → I21-3의 14번 핀 → G04 접지

[3] 좌측 방향등 점등

A → JM09의 (　) 핀 → 엔진룸 정션박스 → JE01의 A8번 핀 → E23의 2번 핀 → 좌측 방향등 → E23의 3번 핀 → G02 접지

[4] 좌측 사이드 리피터 램프 점등

A → M40의 1번 핀 → 좌측 사이드 리피터 램프 → M40의 (　)번 핀 → M08의 16번 핀 → 조인트 커넥터 → M08의 6번 핀 → G04 접지

[5] 좌측 뒤 콤비 램프 점등

B → R01의 2번 핀 → 좌측 뒤 방향등 → R01의 3번 핀 → (　)접지

[6] 플래셔 유닛 접지

M43의 2번 핀 → 플래셔 유닛 → M43의 3번 핀 → M08의 19번 핀 → 조인트 커넥터 → M08의 6번 핀 → G04 접지

02. 위의 전기 회로도에서 좌측 방향등이 깜박거리도록 신호를 제어하는 요소는 무엇인지 아래에 적으시오.

03. 위의 전기회로도에서 다기능 스위치를 사용해서 좌측 방향등을 켜는 경우에 전류가 흐르는 배선의 색깔 6가지를 다음 중에서 모두 찾아서 (　)안에 적으시오.

검정색, 갈색, 초록색, 회색, 파랑색, 연두색, 하늘색, 오렌지색, 분홍색, 빨강색, 황갈색, 흰색, 노랑색, 자주색, 검정색에 오렌지색 줄무늬

(　　) (　　) (　　) (　　) (　　) (　　)

2.3 방향등 제어 실험 실습

실습

01. 방향등과 비상등은 정상적으로 구동이 되었는가?
예(　　　), 아니오(　　　)

02. 플래셔 유닛을 탈거하여 점검하시오.

03. 전, 후방 방향지시등 램프를 탈부착 하시오.

04. 방향등 한쪽 커넥터를 탈거 후 작동시 차량 현상을 작성하시오.

05. 방향등 회로에 고장부분을 점검한 후 기록표에 기록 · 판정하시오.

측정 항목	① 측정(또는 점검)		② 판정 및 정비(또는 조치)사항	
	이상부위	내용 및 상태	판정 (□에 "✔" 표)	정비 및 조치할 사항
방향등 회로			□ 양호 □ 불량	

06. 본인이 고장을 만들어 차량에 나타나는 현상과 수리를 위해 고장진단 절차에 따른 점검방법을 기록하시오.

고장내역	점검방법

03 비상등 제어

3.1 교재의 구성

[1] 내용소개

자동차 비상등장치의 고장진단 및 정비에 필요한 관련 지식과 그 목적을 달성하기 위한 기본적이 능력인 자동차 비상등 전기 회로도를 해독할 수 있도록 실습을 구성하였다. 여러 가지 해석문제와 실습을 통해 학생 스스로 흥미를 갖고 회로도의 해석에 자신감을 갖을 수 있도록 한다. 학습 후 학생 스스로 자신의 학습능력을 검토할 수 있도록 하였다.

[2] 학습목표

여러 가지 종류의 자동차 비상등장치를 고장진단하고 정비하는데 필요한 여러 차종의 비상등 전기 회로도를 설명할 수 있다.

[3] 선수학습모듈

자동차 전기부품 및 전자장치에 대한 구조 및 작동원리에 대한 기초적인 지식을 타 교과에서 이수하도록 한다.

3.2 일반 차량의 비상등 제어 회로실습

[1] 주요어

비상등, 다기능 스위치, 플래셔 유닛, 비상등 릴레이

[2] 개요

자동차 비상등의 고장진단 및 정비에 필요한 관련 지식과 그 목적을 달성하기 위한 기본적이 능력인 자동차 비상등 전기 회로도를 해독할 수 있도록 실습을 구성하였다. 여러 가지 해석문제와 실습을 통해 학생 스스로 흥미를 갖고 회로도의 해석에 자신감을 갖을 수 있도록 한다. 학습 후 학생 스스로 자신의 학습능력을 검토할 수 있도록 하였다.

[3] 학습목표

여러 가지 종류의 자동차 비상등장치를 고장진단하고 정비하는데 필요한 여러 차종의 비상등 전기 회로도를 설명할 수 있다.

QUESTION 01

다음 회로도를 보고 비상등스위치를 사용해서 좌·우측 방향등을 ON시킬 때의 전류의 흐름을 상시전원부터 접지까지 회로도 위에 표시하시오.

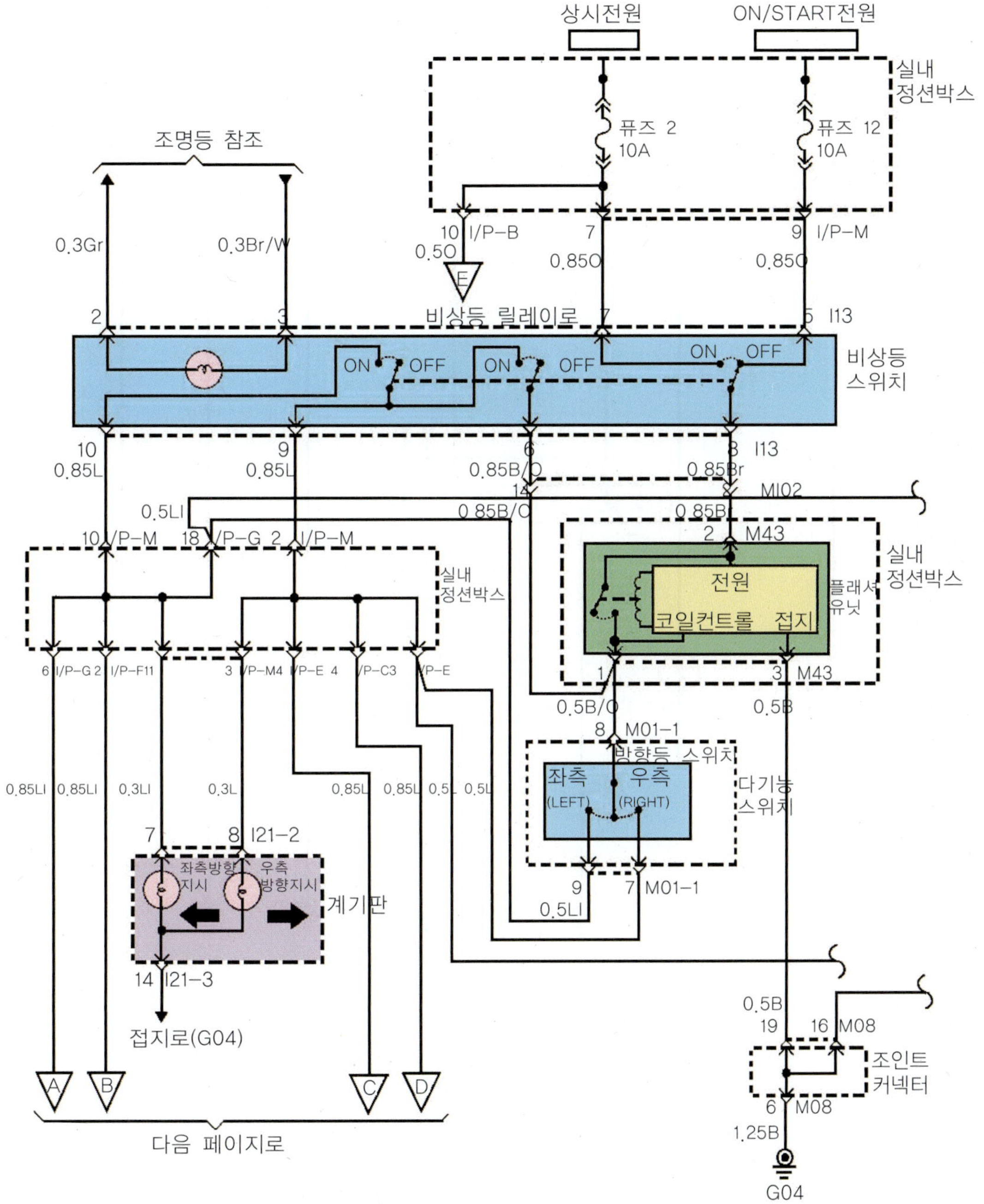

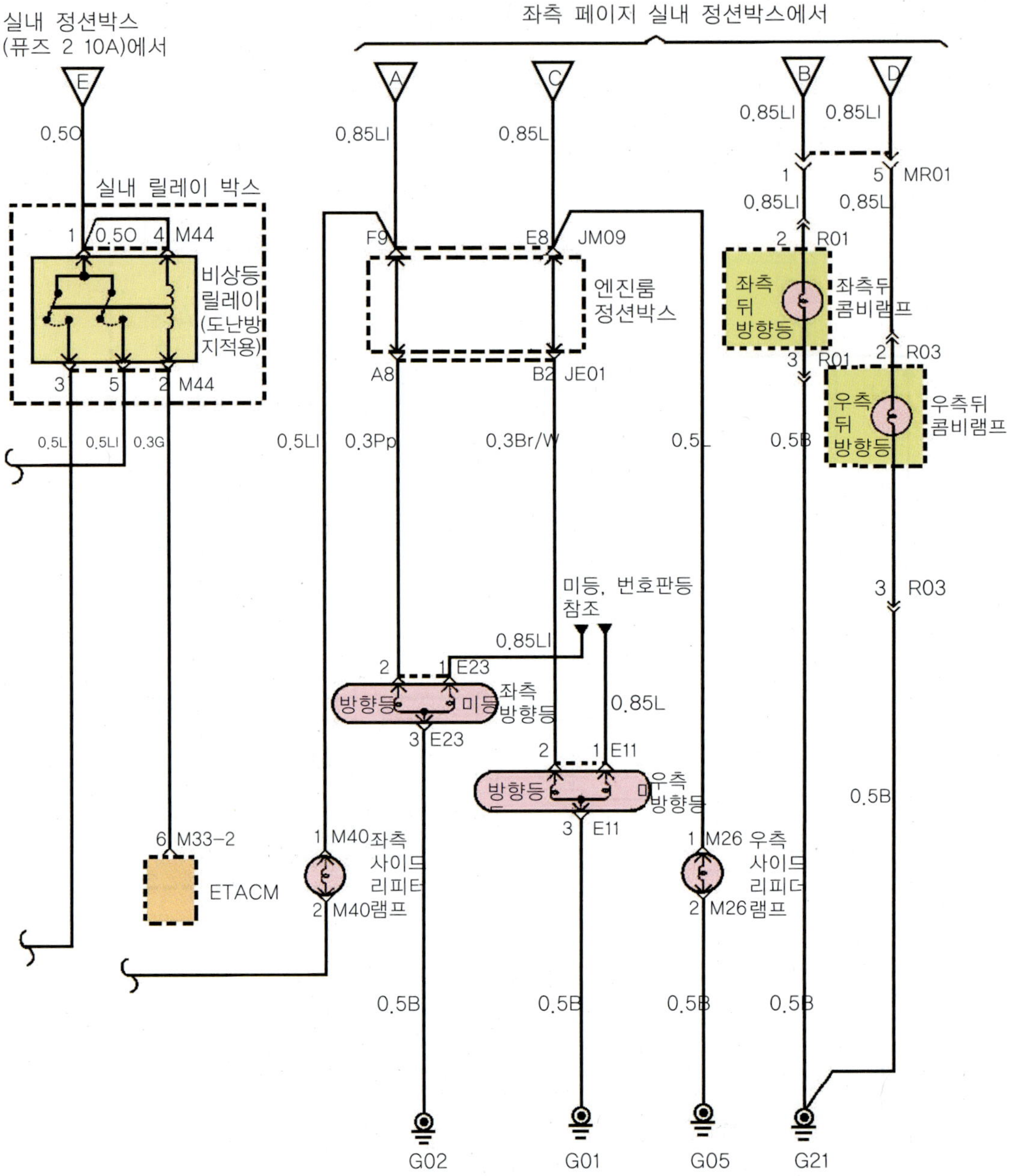
실내 정션박스
(퓨즈 2 10A)에서
좌측 페이지 실내 정션박스에서
E
A
C
B
D
0.5O
0.85LI
0.85L
실내 릴레이 박스
1 0.5O 4 M44
비상등
릴레이
(도난방
지적용)
3 5 2 M44
MR01
R01
좌측
뒤
방향등
좌측뒤
콤비램프
R03
우측
뒤
방향등
우측뒤
콤비램프
F9
E8 JM09
엔진룸
정션박스
A8
B2 JE01
0.5L
0.3G
0.3Pp
0.3Br/W
0.5B
미등, 번호판등
참조
E23
방향등
미등
좌측
방향등
E11
우측
방향등
M33-2
ETACM
M40
좌측
사이드
리피터
램프
M26
우측
사이드
리피터
램프
G02
G01
G05
G21

QUESTION 02

전류 흐름도를 보고 다음 물음에 답하시오.

01. 비상등 스위치를 사용해서 좌우측 방향등이 깜박이도록 하는 경우에 회로도상의 전류가 흐르는 요소들을 잘 보고 6개의 (　　)를 채우시오.

[1] 비상등 스위치를 ON시킨다.

상시전원 → 실내 정션박스의 퓨즈 2번 → I/P-M의 7번 핀 → I13의 7번 핀 → 비상등스위치 → ON → I13의 8번 핀 → M43의 2번 핀 → 플래셔 유닛 → M43의 1번 핀 → I13의 6번 핀 → 비상등스위치 → ON

→ I13의 10번 핀 → I/P-M의 10번 핀
→ I13의 9번 핀 → I/P-M의 2번 핀

[2] 좌측 방향등

I/P-M의 10번 핀 → 실내 정션박스
→ I/P-G의 6번 핀 → A
→ I/P-F의 2번 핀 → B
→ I/P-M의 11번 핀 → I21-2의 7번 핀

① 계기판의 좌측 방향등 점등 : I21-2의 7번 핀 → 계기판(좌측 방향지시등) → I21-3의 14번 핀 → G04 접지

② 좌측 방향등 점등 : A → JM09의 (　　)번 핀 → 엔진룸 정션박스 → JE01의 A8번 핀 → E23의 2번 핀 → 좌측 방향등 → E23의 3번 핀 → G02 접지

③ 좌측 사이드 리피터 램프 점등 : A → M40의 1번 핀 → 좌측 사이드 리피터 램프 → M40의 (　　)번 핀 → M08의 16번 핀 → 조인트 커넥터 → M08의 6번 핀 → G04 접지

④ 좌측 뒤 콤비 램프 점등 : B → R01의 2번 핀 → 좌측 뒤 방향등 → R01의 3번 핀 → (　　)접지

[3] 우측 방향등

I/P-M의 2번 핀 → 실내 정션박스
- → I/P-E의 4번 핀 → C
- → I/P-C의 4번 핀 → D
- → I/P-M의 ( )번 핀→I21-2의 8번 핀

① 계기판의 우측 방향등 점등 : I21-2의 8번 핀→ 계기판(우측 방향지시등) → I21-3의 14번 핀 → G04 접지

② 우측 방향등 점등 : C → JM09의 E8 핀 → 엔진룸 정션박스 → JE01의 B2번 핀 → ( )의 2번 핀 → 우측 방향등 → E11의 3번 핀 → G01 접지

③ 우측 사이드 리피터 램프 점등 : C → M26의 1번 핀 → 우측 사이드 리피터 램프 → M26의 ( )번 핀 → G05접지

④ 우측 뒤 콤비 램프 점등 : D → R03의 2번 핀 → 우측 뒤 방향등 → R03의 3번 핀 → G21 접지

[4] 플래셔 유닛 접지

M43의 2번 핀 → 플래셔 유닛 → M43의 3번 핀 → M08의 19번 핀 → 조인트 커넥터 → M08의 6번 핀 → G04 접지

02. 위의 전기회로도에서 비상등 스위치를 사용하여 좌우측 방향등을 켜는 경우에 전류가 흐르는 배선의 색깔이 아닌 것을 다음에서 2가지를 찾아 ( )안에 적으시오.

오렌지색, 검정색에 오렌지색 줄무늬, 자주색, 갈색에 흰색 줄무늬,
파랑색, 흰색, 갈색, 하늘색, 초록색, 검정색

( ) ( )

04 미등 제어

4.1 교재의 구성

[1] 내용소개

자동차 미등의 고장진단 및 정비에 필요한 관련 지식과 그 목적을 달성하기 위한 기본적이 능력인 자동차 미등 전기 회로도를 해독할 수 있도록 실습을 구성하였다. 여러 가지 해석문제와 실습을 통해 학생 스스로 흥미를 갖고 회로도의 해석에 자신감을 갖을 수 있도록 한다. 학습 후 학생 스스로 자신의 학습능력을 검토할 수 있도록 하였다.

[2] 학습목표

여러 가지 종류의 자동차 미등장치를 고장 진단하고 정비하는데 필요한 여러 차종의 미등과 안개등 전기 회로도를 설명할 수 있다.

[3] 선수학습모듈

자동차 전기부품 및 전자장치에 대한 구조 및 작동원리에 대한 기초적인 지식을 타 교과에서 이수하도록 한다.

4.2 일반 차량의 미등제어 회로실습

[1] 주요어

미등, 다기능 스위치, 전조등, 미등 릴레이

[2] 개요

자동차 미등의 고장진단 및 정비에 필요한 관련 지식과 그 목적을 달성하기 위한 기본적이 능력인 자동차 미등 전기 회로도를 해독할 수 있도록 실습을 구성하였다. 여러 가지 해석문제와 실습을 통해 학생 스스로 흥미를 갖고 회로도의 해석에 자신감을 갖을 수 있도록 한다. 학습 후 학생 스스로 자신의 학습능력을 검토할 수 있도록 하였다.

[3] 학습목표

여러 가지 종류의 자동차 미등장치를 고장진단하고 정비하는데 필요한 여러 차종의 미등 전기 회로도를 설명할 수 있다.

QUESTION 01

다음 회로도를 보고 라이트스위치를 사용해서 미등을 점등시킬 때의 전류의 흐름을 상시 전원부터 접지까지 회로도 위에 표시하시오(LED 미적용 회로의 경우).

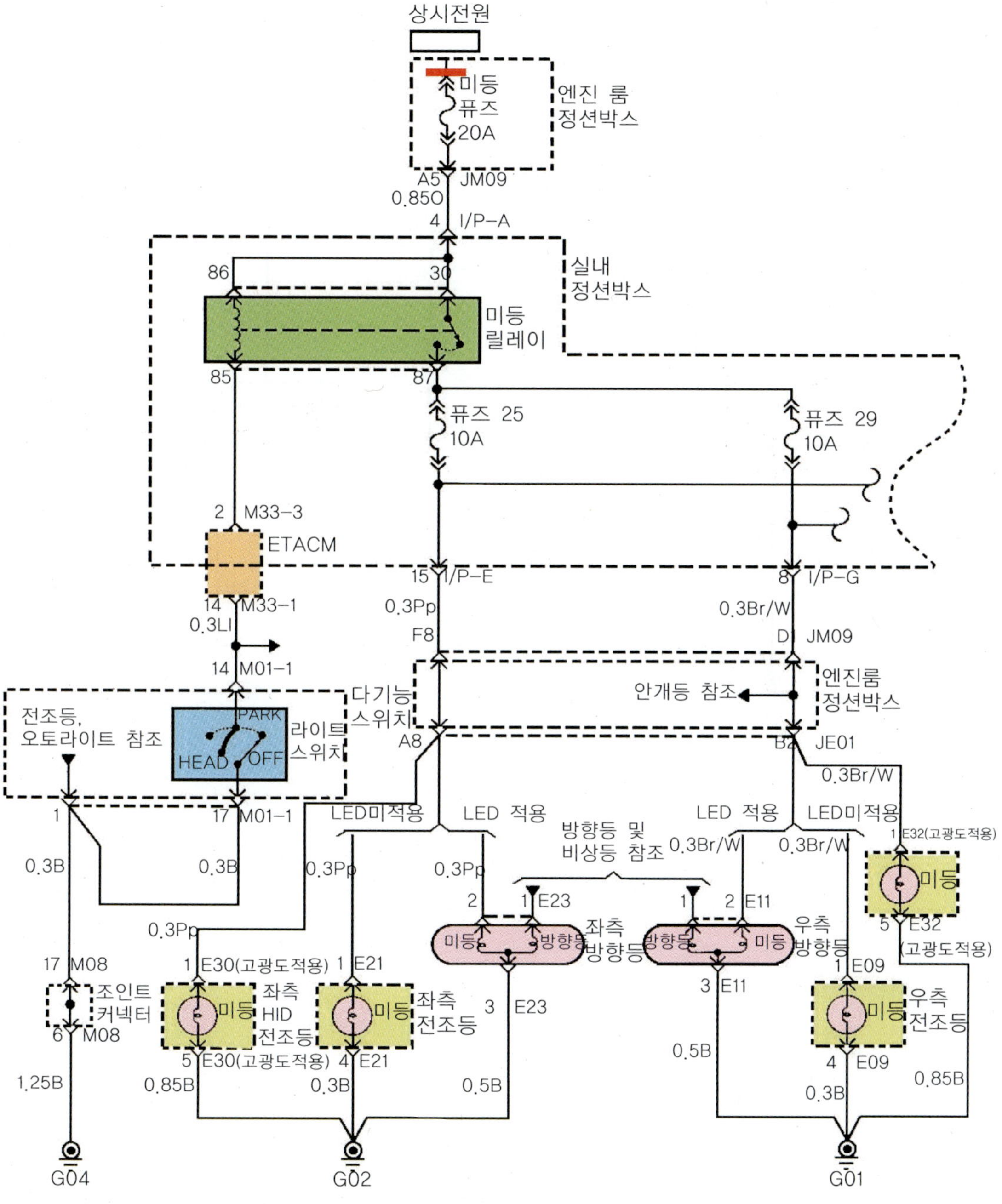

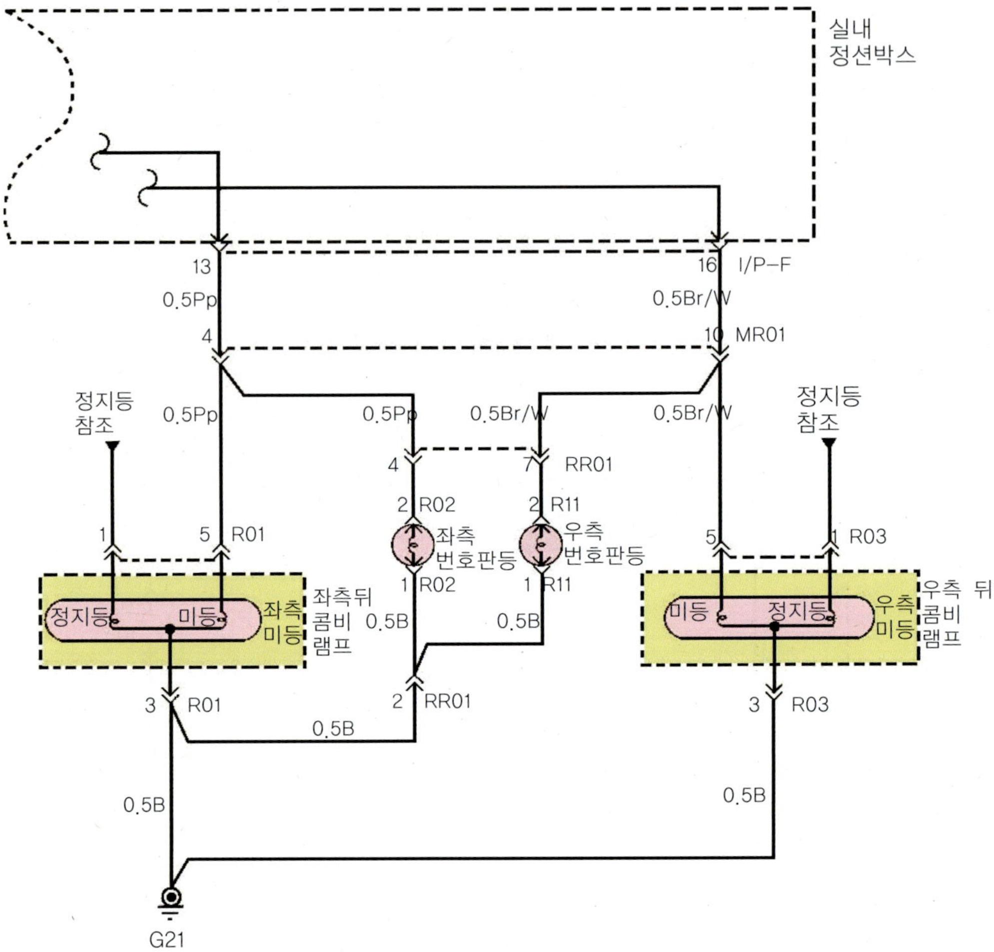
실내
정션박스
13
16 I/P-F
0.5Pp
0.5Br/W
4
10 MR01
정지등
참조
0.5Pp
0.5Pp
0.5Br/W
0.5Br/W
정지등
참조
4
7 RR01
2 R02
2 R11
좌측
번호판등
우측
번호판등
1
5 R01
5
1 R03
1 R02
1 R11
정지등
미등
좌측
미등
좌측뒤
콤비
램프
0.5B
0.5B
미등
정지등
우측
미등
우측 뒤
콤비
램프
3 R01
2 RR01
3 R03
0.5B
0.5B
0.5B
G21

QUESTION 02

전류 흐름도를 보고 다음 물음에 답하시오.

01. 다기능 스위치에 있는 라이트 스위치를 사용해서 미등을 점등시키는 경우에 회로도상의 전류가 흐르는 요소들을 잘 보고 4개의 ( )를 채우시오(LED 미적용 회로의 경우).

[1] 라이트 스위치를 PARK에 놓으면 미등 릴레이가 작동한다.

상시전원 → 엔진룸 정션박스 미등 퓨즈 → JM09의 A5번 핀 → I/P-A의 4번 핀 → 미등 릴레이 → M33-1의 14번 핀 → M01-1의 ( )번 핀 → 라이트스위치 → PARK → M01-1의 17번 핀 → M08의 17번 핀 → 조인트 커넥터 → M08의 6번 핀 → G04 접지

[2] 미등 릴레이가 ON

상시전원→ 엔진룸 정션박스 미등 퓨즈 → JM09의 A5번 핀 → IP-A의 4번 핀 → 미등 릴레이 스위치 → ON

- → 퓨즈25 → I/P-E의 15번 → JM09의 F8번 핀
- → 퓨즈29 → I/P-G의 8번 → JM09의 D1번 핀
- → I/P-F의 ( )번 핀
  - → R01의 5번 핀
  - → R02의 2번 핀
- → I/P-F의 16번 핀
  - → R03의 5번 핀
  - → R11의 2번 핀

[3] 좌측 전조등의 미등 ON

JM09의 F8번 핀 → 엔진룸 정선박스 → JE01의 A8번 핀 → E21의 1번 핀 → 좌측 전조등의 미등 → E21의 ( )번 핀 → G02 접지

[4] 우측 전조등의 미등 ON

JM09의 D1번 핀 → 엔진룸 정선박스 → JE01의 B2번 핀 → E09의 1번 핀 → 우측 전조등의 미등 → E09의 4번 핀 → G01 접지

[5] 좌측 뒤 콤비 램프의 미등과 번호판등 ON

① R01의 5번 핀 → 좌측 뒤 콤비램프의 미등 → R01의 3번 핀 → G21 접지

② R02의 2번 핀 → 좌측 번호판등 → R02의 1번 핀 → G21 접지

[6] 우측 뒤 콤비 램프의 미등과 번호판등 ON

① R03의 5번 핀 → 우측 뒤 콤비램프의 미등 → R03의 ( )번 핀 → G21 접지

② R11의 2번 핀 → 우측 번호판등 → R11의 1번 핀 → G21 접지

02. 위의 전기회로도에서 라이트 스위치를 사용해서 미등을 점등시킬 때에 전류가 흐르는 배선의 색깔이 5가지를 찾아 ( ) 안에 배선 색깔 이름을 적으시오(LED 미적용의 경우).

( ) ( ) ( ) ( ) ( )

4.3 미등 제어회로 실험 실습

실습

01. 미등은 정상적으로 구동이 되었는가?
    예(   ),   아니오(   )

02. 주어진 아반떼 XD 차량에서 전장배선 확인

핀번호	I/P-A 1번핀	I/P-B 8번핀	I/P-B 14번핀	I/P-D 10번핀	I/P-D 11번핀
회로도배선색					
차량 배선색					

03. 전, 후방 미등 전구를 탈부착 하시오.

04. 회로도에서 1개의 고장으로 좌, 우측 미등이 모두 고장일 수 있는 고장 부위를 찾아 기록하시오.

05. 회로도에서 1개의 고장으로 우측 미등만 고장일 수 있는 고장 부위를 기록하시오.

06. 미등 회로에 고장부분을 점검한 후 기록표에 기록 · 판정하시오

측정 항목	① 측정(또는 점검)		② 판정 및 정비(또는 조치)사항	
	이상부위	내용 및 상태	판정 (□에 "✔" 표)	정비 및 조치할 사항
미등 회로			□ 양호 □ 불량	

07. 본인이 고장을 만들어 차량에 나타나는 현상과 수리를 위해 고장진단 절차에 따른 점검방법을 기록하시오.

고장내역	점검방법

05 안개등 제어

5.1 교재의 구성

[1] 내용소개

자동차 안개등의 고장진단 및 정비에 필요한 관련 지식과 그 목적을 달성하기 위한 기본적이 능력인 자동차 안개등 전기 회로도를 해독할 수 있도록 실습을 구성하였다. 여러 가지 해석문제와 실습을 통해 학생 스스로 흥미를 갖고 회로도의 해석에 자신감을 갖을 수 있도록 한다. 학습 후 학생 스스로 자신의 학습능력을 검토할 수 있도록 하였다.

[2] 학습목표

여러 가지 종류의 자동차 안개등장치를 고장진단하고 정비하는데 필요한 여러 차종의 미등과 안개등 전기 회로도를 설명할 수 있다.

[3] 선수학습모듈

자동차 전기부품 및 전자장치에 대한 구조 및 작동원리에 대한 기초적인 지식을 타 교과에서 이수하도록 한다.

5.2 일반 차량의 안개등 제어 회로실습

[1] 주요어

안개등, 다기능 스위치, 미등 릴레이, 안개등 릴레이

[2] 개요

자동차 안개등의 고장진단 및 정비에 필요한 관련 지식과 그 목적을 달성하기 위한 기본적이 능력인 자동차 안개등 전기 회로도를 해독할 수 있도록 실습을 구성하였다. 여러 가지 해석문제와 실습을 통해 학생 스스로 흥미를 갖고 회로도의 해석에 자신감을 갖을 수 있도록 한다. 학습 후 학생 스스로 자신의 학습능력을 검토할 수 있도록 하였다.

[3] 학습목표

여러 가지 종류의 자동차 안개등 장치를 고장 진단하고 정비하는데 필요한 여러 차종의 안개등 전기 회로도를 설명할 수 있다.

QUESTION 01

다음 회로도를 보고 안개등 스위치를 사용해서 안개등을 점등시킬 때의 전류의 흐름을 상시전원부터 접지까지 회로도 위에 표시하시오.

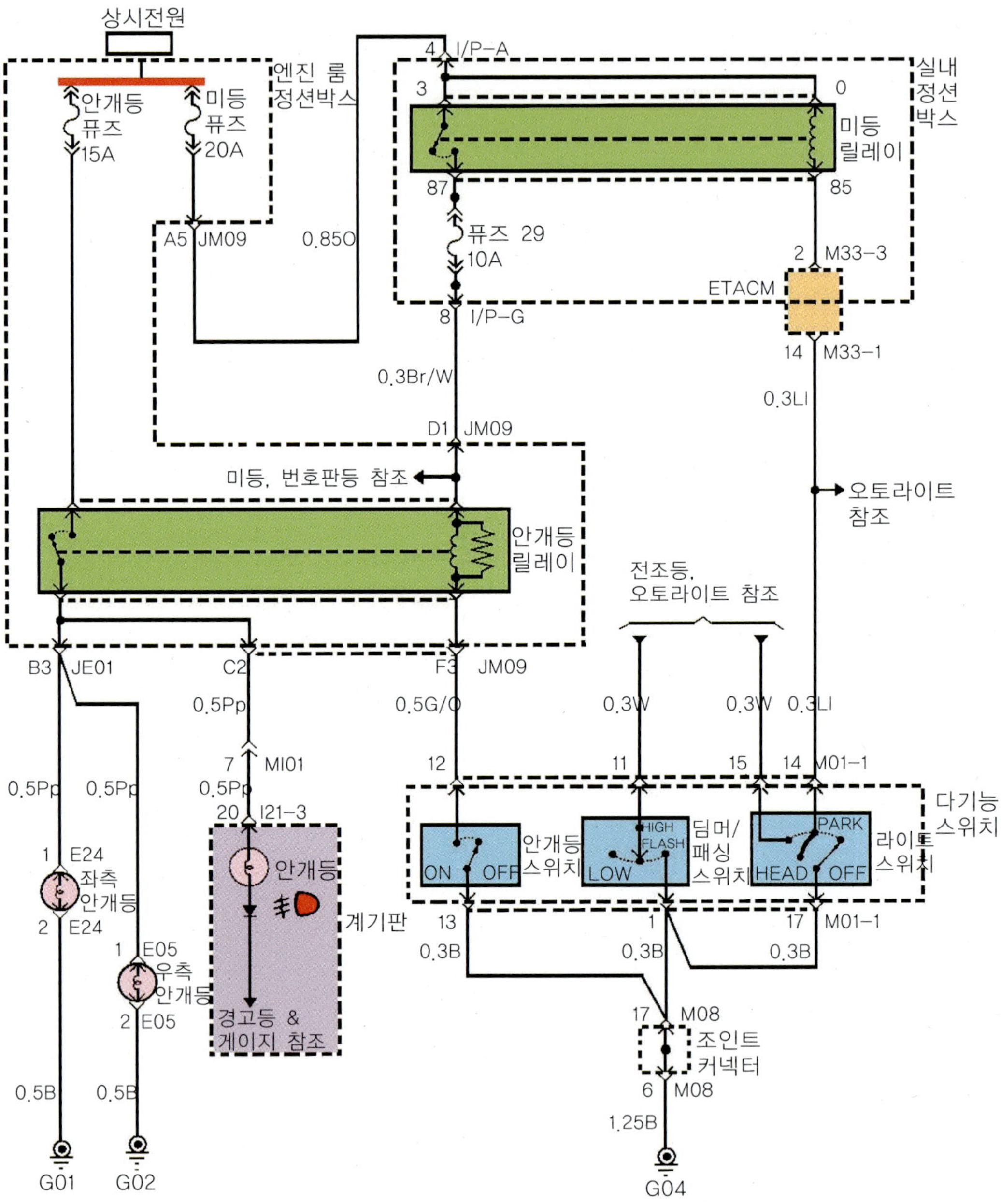

QUESTION 02

전류 흐름도를 보고 다음 물음에 답하시오.

01. 안개등 스위치를 사용해서 안개등을 점등시키는 경우에 회로도상의 전류가 흐르는 요소들을 잘 보고 4개의 (   )를 채우시오.

[1] 라이트스위치를 PARK → 미등 릴레이 구동

상시전원 → 엔진룸 정션박스 미등 퓨즈 → JM09의 A5번 핀 → IP-A의 4번 핀 → 미등 릴레이 → ETACM → M33-1의 14번 핀 → M01-1의 14번 핀 → 라이트스위치 → PARK → (   )의 17번 핀 → M08의 17번 핀 → 조인트 커넥터 → M08의 6번 핀 → G04 접지

[2] 안개등 스위치를 ON하여 안개등 릴레이 구동

상시전원 → 엔진룸 정션박스 미등 퓨즈 → JM09의 A5번 핀 → IP-A의 4번 핀→ 미등 릴레이 스위치 → ON → 퓨즈 29→ I/P-G의 8번 핀 → JM09의 (   ) 번 핀 → 안개등 릴레이 → JM09의 F3번 핀 → M01-1의 12번 핀 → 안개등 스위치 → ON → M01-1의 13번 핀 → M08의 17번 핀 → 조인트 커넥터 → M08의 6번 핀 → G04 접지

[3] 안개등 점등

상시전원 → 엔진룸 정션박스 안개등 퓨즈 안개등 릴레이 스위치 → ON

→ JE01의 B3번 → E24의 1번 핀

→ E05의 1번 핀

→ JM09의 C2번 핀 → I21-3의 20번 핀

[4] 좌측 안개등 점등

E24의 1번 핀 → 좌측 안개등 → E24의 (   )번 핀 → G01접지

[5] 우측 안개등 점등

E05의 1번 핀 → 우측 안개등 → E05의 (   )번 핀 → G02접지

[6] 계기판의 안개등

I21-3의 20번 핀 → 계기판의 안개등 → 접지

02. 위의 전기 회로도에서 미등을 켜지 않고 안개등 스위치만 ON시키면 안개등이 점등 될 수 있는가? 아니면 될 수 없는가? 만약 될 수 없다면 그 이유는 무엇인지 회로도를 보면서 적으시오.

03. 안개등이 점등되지 않았을 경우에 점검해야할 퓨즈는 어느 곳의 몇 번 퓨즈를 확인해야 하는지 회로도를 보고 아래의 빈칸에 퓨즈 위치와 번호를 적으시오.

04. 위의 전기회로도에서 라이트 스위치를 사용해서 안개등을 점등시킬 때에 전류가 흐르는 배선의 색깔이 6가지를 찾아 (   )안에 배선 색깔 이름을 적으시오(LED 미적용의 경우).

(   ) (   ) (   ) (   ) (   ) (   )

06 전조등 제어

6.1. 교재의 구성

[1] 내용소개

자동차 전조등장치의 고장진단 및 정비에 필요한 관련 지식과 그 목적을 달성하기 위한 기본적이 능력인 자동차 전조등장치 전기 회로도를 해독할 수 있도록 실습을 구성하였다. 여러 가지 해석문제와 실습을 통해 학생 스스로 흥미를 갖고 회로도의 해석에 자신감을 갖을 수 있도록 한다. 학습 후 학생 스스로 자신의 학습능력을 검토할 수 있도록 하였다.

[2] 학습목표

여러 가지 종류의 자동차 전조등장치를 고장진단하고 정비하는데 필요한 여러 차종의 전조등장치 전기 회로도를 설명할 수 있다.

[3] 선수학습모듈

자동차 전기부품 및 전자장치에 대한 구조 및 작동원리에 대한 기초적인 지식을 타 교과에서 이수하도록 한다.

6.2. 일반 차량의 전조등 제어회로

[1] 주요어

전조등 로우(LOW)빔 장치, 다기능스위치, 고광도 전조등, 전조등 로우(LOW)빔 릴레이

[2] 개요

자동차 전조등 로우(LOW) 빔 장치의 고장진단 및 정비에 필요한 관련 지식과 그 목적을 달성하기 위한 기본적이 능력인 자동차 전조등 로우(LOW) 빔 장치 전기 회로도를

해독할 수 있도록 실습을 구성하였다. 여러 가지 해석문제와 실습을 통해 학생 스스로 흥미를 갖고 회로도의 해석에 자신감을 갖을 수 있도록 한다. 학습 후 학생 스스로 자신의 학습능력을 검토할 수 있도록 하였다.

[3] 학습목표

여러 가지 종류의 자동차 전조등 로우(LOW) 빔 장치를 고장진단하고 정비하는데 필요한 여러 차종의 전조등 로우(LOW) 빔 장치 전기 회로도를 설명할 수 있다.

QUESTION 01

다음 회로도를 보고 라이트를 ON시킬 때(LOW상태)의 전류의 흐름을 상시전원부터 접지까지 회로도 위에 표시하시오. 일반 전조등과 고광도 전조등 모두 표시하시오.

[일반 전조등]

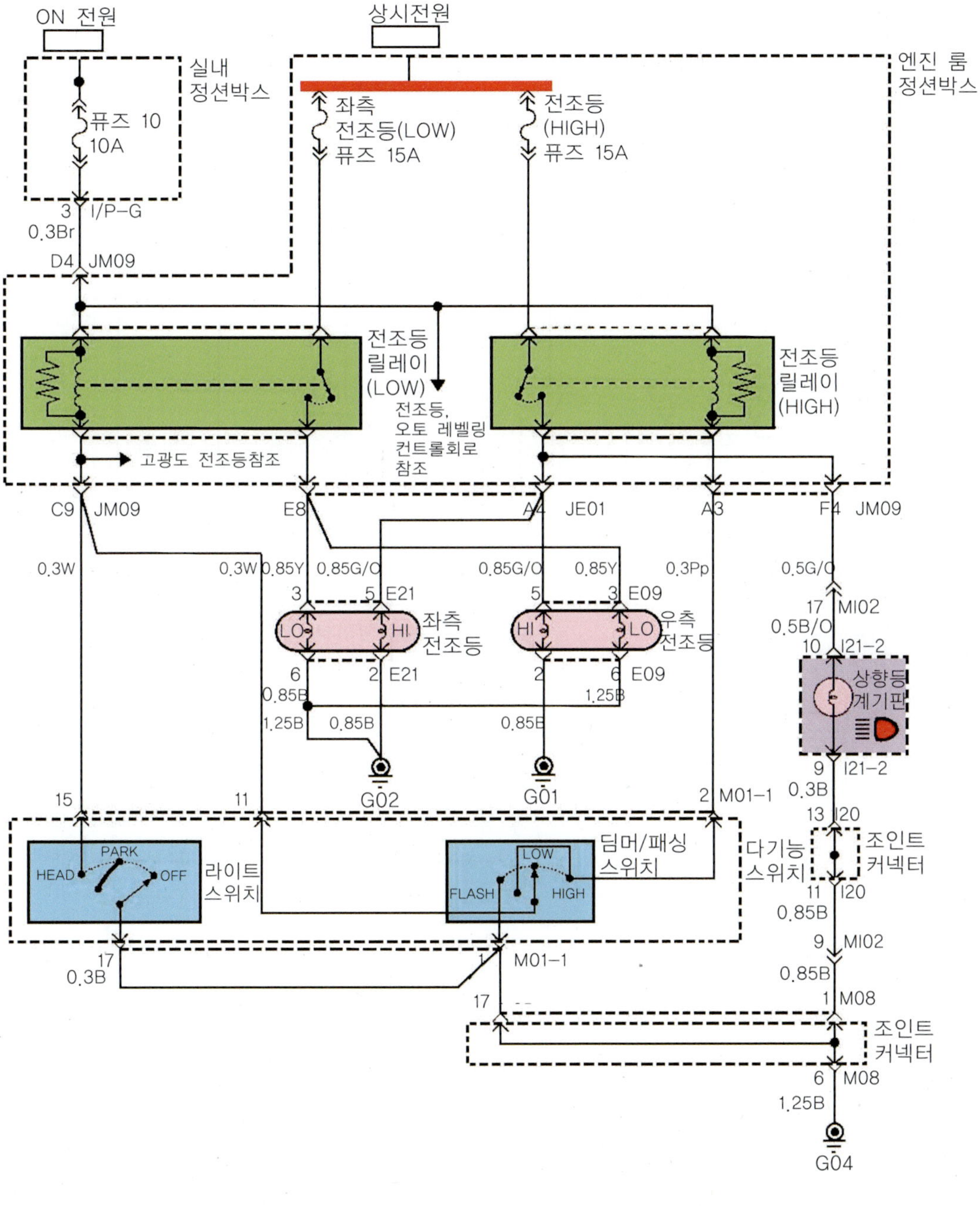

[고광도 전조등]

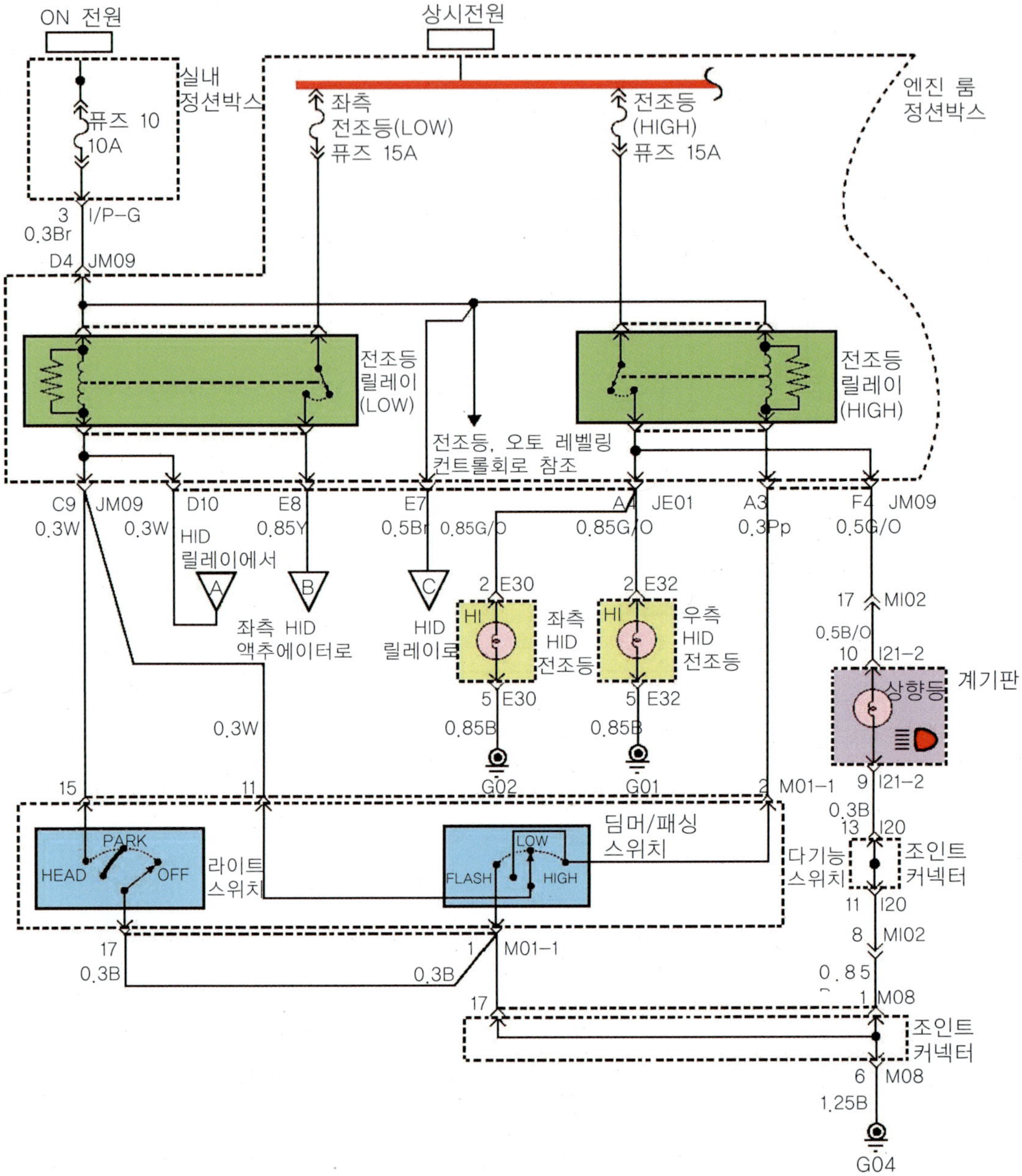
ON 전원
상시전원
실내 정션박스
퓨즈 10 10A
좌측 전조등(LOW) 퓨즈 15A
전조등 (HIGH) 퓨즈 15A
엔진 룸 정션박스
3 I/P-G
0.3Br
D4 JM09
전조등 릴레이 (LOW)
전조등, 오토 레벨링 컨트롤회로 참조
전조등 릴레이 (HIGH)
C9 JM09
0.3W
D10
0.3W
E8
0.85Y
E7
0.5Br
0.85G/O
A4 JE01
0.85G/O
A3
0.3Pp
F4 JM09
0.5G/O
HID 릴레이에서
A
B
C
좌측 HID 액추에이터로
HID 릴레이로
2 E30
2 E32
HI
좌측 HID 전조등
우측 HID 전조등
5 E30
5 E32
0.85B
0.85B
G02
G01
17 MI02
0.5B/O
10 I21-2
상향등
계기판
9 I21-2
0.3W
15
11
2 M01-1
0.3B
13 I20
PARK
HEAD
OFF
라이트 스위치
LOW
FLASH
HIGH
딤머/패싱 스위치
다기능 스위치
조인트 커넥터
11 I20
8 MI02
17
0.3B
1 M01-1
0.3B
0.85
17
1 M08
조인트 커넥터
6 M08
1.25B
G04

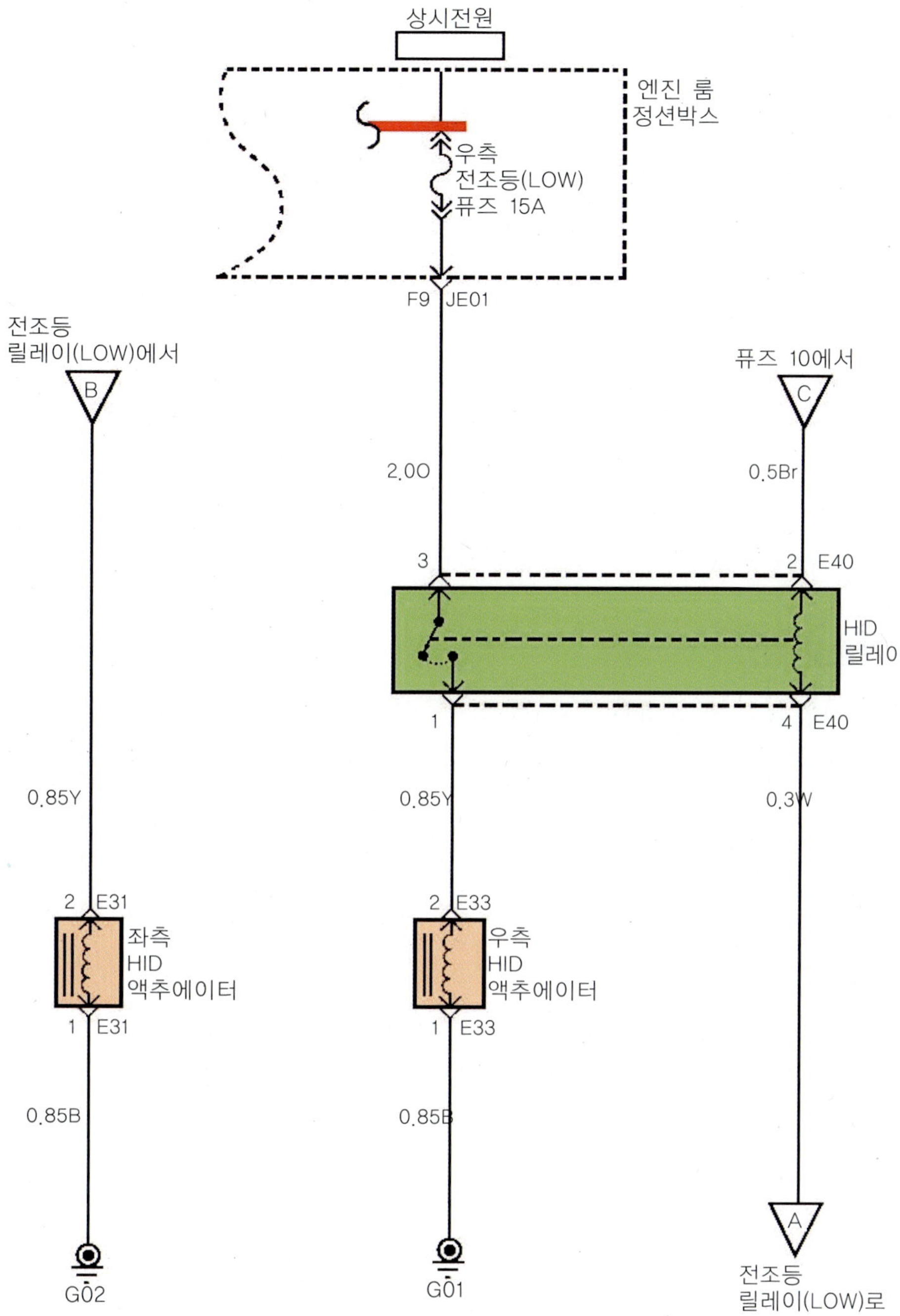
상시전원
엔진 룸
정션박스
우측
전조등(LOW)
퓨즈 15A
F9
JE01
전조등
릴레이(LOW)에서
B
퓨즈 10에서
C
2.0O
0.5Br
3
2
E40
HID
릴레이
1
4
E40
0.85Y
0.85Y
0.3W
2
E31
좌측
HID
액추에이터
1
E31
2
E33
우측
HID
액추에이터
1
E33
0.85B
0.85B
G02
G01
A
전조등
릴레이(LOW)로

QUESTION 02

전류 흐름도를 보고 다음 물음에 답하시오.

01. 일반 전조등 회로에서 라이트를 HEAD에 놓고 딤머/패싱 스위치를 LOW상태로 ON 시키는 경우에 회로도상의 전류가 흐르는 요소들을 잘 보고 4개의 (　)를 채우시오.

[1] 라이트 스위치를 HEAD에 위치시켜서 전조등 릴레이(LOW)를 구동함

ON전원 → 실내 정션박스 퓨즈 10 → I/P-G의 3번 핀 → JM09의 (　)번 핀 → 전조등 릴레이(LOW) → JM09의 C9번 핀 → M01-1의 15번 핀 → 라이트스위치 → HEAD → M01-1의 (　)번 핀 → M08의 17번 핀 → 조인트 커넥터 → M08의 6번 핀 → G04 접지

[2] 전조등 점등

상시전원 → 전조등(LOW) 퓨즈 → 전조등 릴레이(LOW)스위치 → ON → JE01의 E8번 → E21의 3번 핀

　　　　　　　　→ E09의 3번 핀

[3] 좌측 전조등(LOW) 점등

E21의 3번 핀 → 좌측 전조등 → E21의 (　)번 핀 → G02 접지

[4] 우측 전조등(LOW) 점등

E09의 (　)번 핀 → 우측 전조등 → E09의 6번 핀 → G02 접지

02. 고광도 전조등 회로에서 라이트를 HEAD에 놓고 딤머/패싱 스위치를 LOW상태로 ON시키는 경우에 회로도상의 전류가 흐르는 요소들을 잘 보고 4개의 (　)를 채우시오.

[1] 라이트 스위치를 HEAD에 위치시켜서 전조등 릴레이(LOW)를 구동함

ON전원 → 실내 정션박스 퓨즈 10 → I/P-G의 3번 핀 → JM09의 (　　) 번 핀 → 전조등 릴레이(LOW) → JM09의 C9번 핀 → M01-1의 (　　) 번 핀 → 라이트스위치 → HEAD → M01-1의 17번 핀 → M08의 17번 핀 → 조인트 커넥터 → M08의 6번 핀 → G04 접지

[2] 라이트 스위치를 HEAD에 위치시켜서 HID 릴레이 구동함

ON전원 → 실내 정션박스 퓨즈 10 → I/P-G의 3번 핀 → JM09의 D4 번 핀 → 엔진 룸 정션박스 → JE01의 E7번 핀 → C → E40의 2번 핀 → HID 릴레이 → E40의 4번 핀 → A → JE01의 D10번 핀 → JM09의 C9번 핀 → M01-1의 15번 → 라이트 스위치 → HEAD → M01-1의 (　)번 핀 → M08의 17번 핀 → 조인트 커넥터 → M08의 6 번 핀 → G04 접지

[3] 좌측 HID 액추에이터 점등

상시전원 → 좌측 전조등(LOW) 퓨즈 → 전조등 릴레이(LOW)스위치 → ON → JE01의 E8번 핀 → B → E31의 2번 핀 → 좌측 HID 액추에이터 → E31의 1번 핀 → G02 접지

[4] 우측 HID 액추에이터 점등

상시전원 → 우측 전조등(LOW) 퓨즈 → JE01의 F9번 핀 → E40의 3 번 핀 → HID 릴레이 스위치 → ON → E40의 1번 핀 → E33의 2번 핀 → 우측 HID 액추에이터 → E33의 1번 핀 → G01 접지

03. 일반 전조등 회로와 고광도 전조등 회로를 비교하면서 라이트를 LOW상태로 ON시키는데 어떤 차이가 있는지 아래의 빈칸에 적으시오(릴레이를 위주로 생각할 것). 그리고 그 이유도 함께 적으시오.

04. 일반 전조등 전기회로도에서 라이트 스위치를 사용해서 헤드라이트(LOW)를 점등시킬 때에 전류가 흐르는 배선의 색깔 4가지를 찾아서 ( )안에 배선 색깔 이름을 적으시오.

( ) ( ) ( ) ( )

05. 고광도 전조등 전기회로도에서 라이트 스위치를 사용해서 좌, 우측 HID 액추에이터(LOW)를 점등시킬 때에 전류가 흐르는 배선의 색깔 중에서 일반 전조등 회로도의 배선에서는 사용하지 않은 배선 색깔 이름을 적으시오.

( )

QUESTION 03

다음 회로도를 보고 라이트 스위치를 OFF에 놓고 딤머/패싱 스위치를 FLASH로 놓았을 때의 전류의 흐름을 전원부터 접지까지 회로도 위에 표시하시오(일반 전조등과 고광도 전조등을 모두 표시하시오).

[일반 전조등]

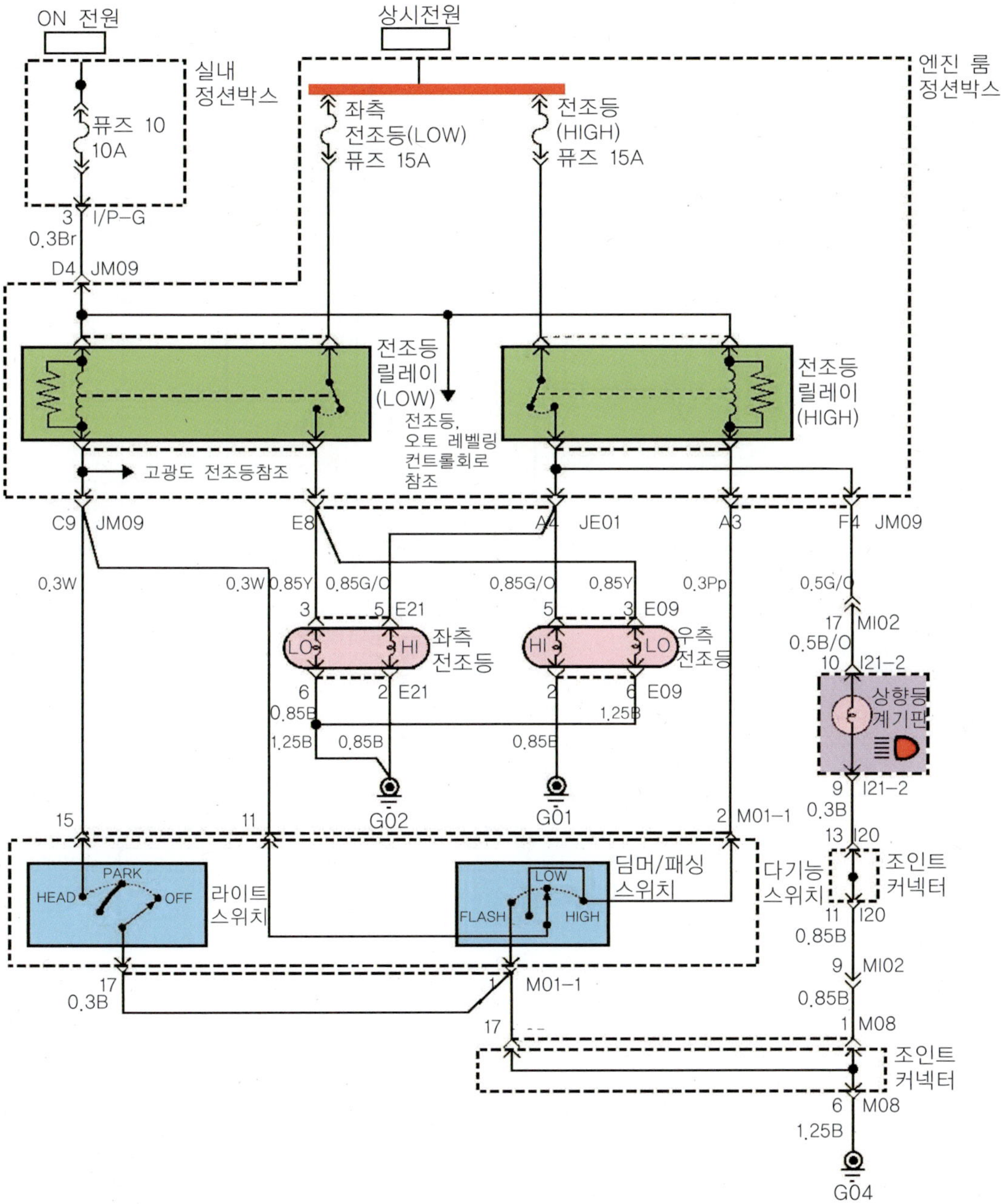

[고광도 전조등]

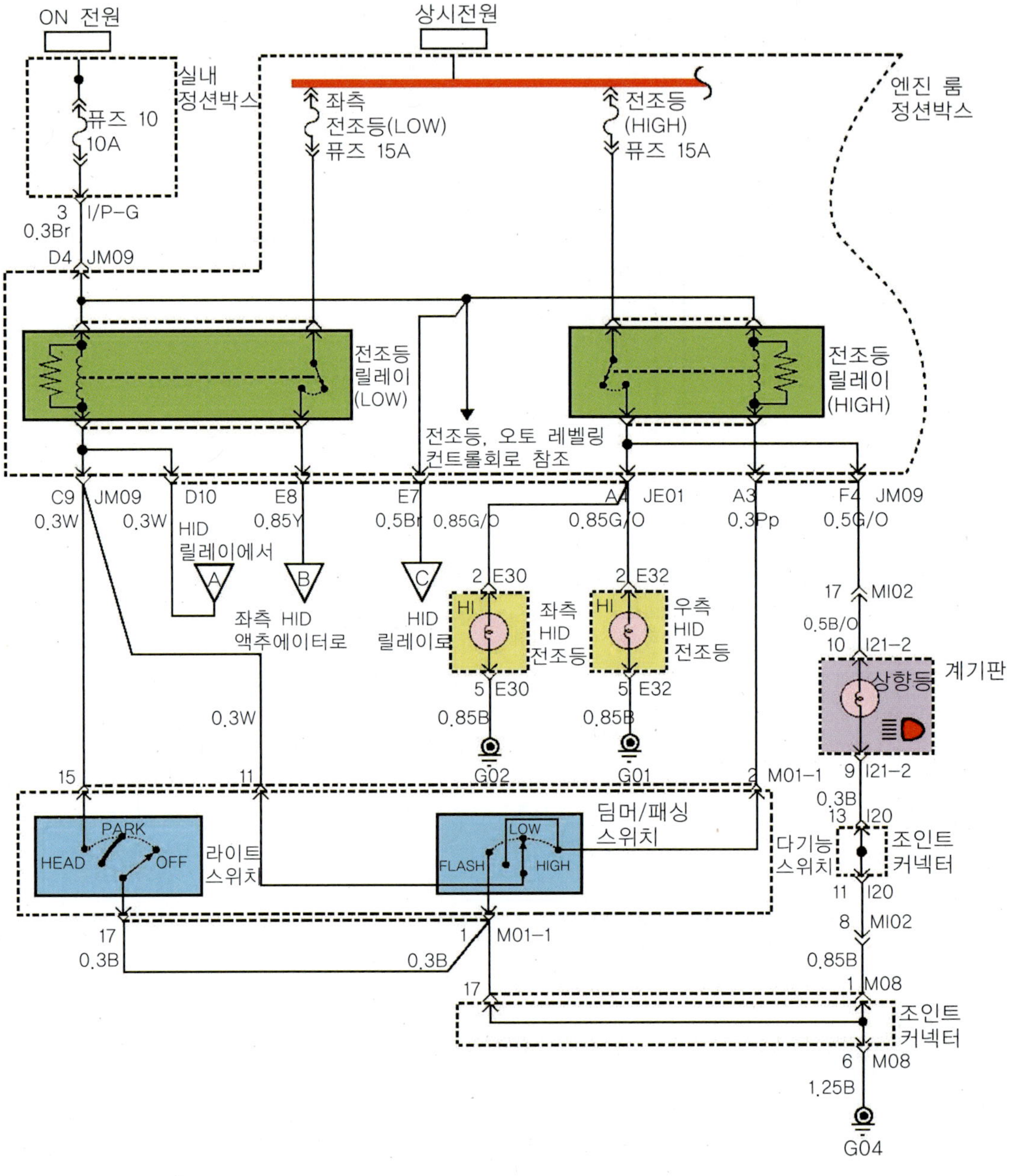
ON 전원
상시전원
실내 정션박스
퓨즈 10 10A
좌측 전조등(LOW) 퓨즈 15A
전조등 (HIGH) 퓨즈 15A
엔진 룸 정션박스
3 I/P-G
0.3Br
D4 JM09
전조등 릴레이 (LOW)
전조등 릴레이 (HIGH)
전조등, 오토 레벨링 컨트롤회로 참조
C9 JM09 D10 E8 E7 A4 JE01 A3 F4 JM09
0.3W 0.3W 0.85Y 0.5Br 0.85G/O 0.85G/O 0.3Pp 0.5G/O
HID 릴레이에서
좌측 HID 액추에이터로
HID 릴레이로
2 E30
좌측 HID 전조등
5 E30
0.85B
G02
2 E32
우측 HID 전조등
5 E32
0.85B
G01
17 MI02
0.5B/O
10 I21-2
상향등
계기판
9 I21-2
0.3B
13 I20
다기능 스위치
조인트 커넥터
11 I20
8 MI02
0.85B
1 M08
조인트 커넥터
6 M08
1.25B
G04
0.3W
15 11 2 M01-1
PARK HEAD OFF
라이트 스위치
LOW FLASH HIGH
딤머/패싱 스위치
17 0.3B
1 M01-1
0.3B
17

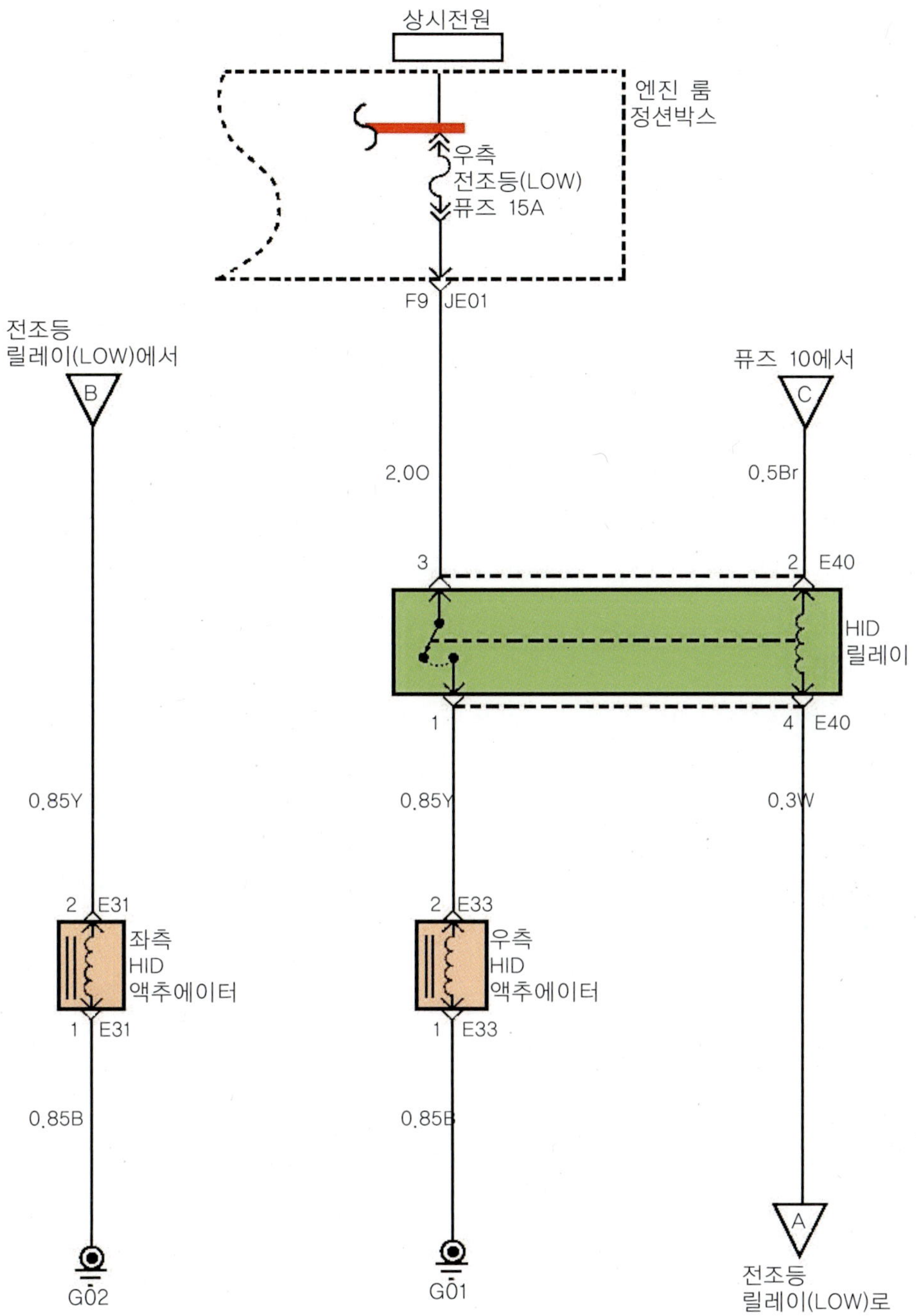
상시전원
엔진 룸
정션박스
우측
전조등(LOW)
퓨즈 15A
F9
JE01
전조등
릴레이(LOW)에서
B
퓨즈 10에서
C
2.0O
0.5Br
3
2
E40
HID
릴레이
1
4
E40
0.85Y
0.85Y
0.3W
2
E31
좌측
HID
액추에이터
1
E31
2
E33
우측
HID
액추에이터
1
E33
0.85B
0.85B
G02
G01
A
전조등
릴레이(LOW)로

QUESTION 04

전류 흐름도를 보고 다음 물음에 답하시오.

01. 위의 일반 전조등회로에서 라이트를 OFF상태로 놓고 딤머/패싱 스위치를 FLASH에 놓았을 경우에 회로도상의 전류가 흐르는 요소들을 잘 보고 6개의 (　　)를 채우시오.

[1] 딤머/패싱 스위치를 FLASH에 위치시켜서 전조등 릴레이(LOW)를 구동함

ON전원 → 실내 정션박스 퓨즈 10 → I/P-G의 3번 핀 → JM09의 D4번 핀 → 전조등 릴레이(LOW) → JM09의 C9번 핀 → M01-1의 (　　)번 핀 → 딤머/패싱 스위치 → FLASH → M01-1의 1번 핀 → M08의 17번 핀 → 조인트 커넥터 → M08의 6번 핀 → G04 접지

[2] 전조등 LO 점등

상시전원 → 전조등(LOW) 퓨즈 → 전조등 릴레이(LOW)스위치 → ON → JE01의 E8번 ┬→ E21의 3번 핀
└→ E09의 3번 핀

① 좌측 전조등(LOW) 점등 : E21의 (　　)번 핀 → 좌측 전조등(LO) → E21의 6번 핀 → G02 접지

② 우측 전조등(LOW) 점등 : E09의 3번 핀 → 우측 전조등(LO) → E09의 6번 핀 → (　　) 접지

[3] 딤머/패싱 스위치를 FLASH에 위치시켜서 전조등 릴레이(HIGH)를 구동함

ON전원 → 실내 정션박스 퓨즈 10 → I/P-G의 3번 핀 → JM09의 D4번 핀 → 전조등 릴레이(HIGH) → JM09의 A3번 핀 → M01-1의 2번 핀 → 딤머/패싱 스위치 → FLASH → M01-1의 (　　)번 핀 → M08의 17번 핀 → 조인트 커넥터 → M08의 6번 핀 → G04 접지

[4] 전조등 HI 점등

상시전원 → 전조등(HIGH) 퓨즈 → 전조등 릴레이(HIGH)스위치 → ON

→ JE01의 A4번 → E09의 5번 핀
　　　　　　 └→ E21의 5번 핀

① 좌측 전조등(HI) 점등 : E21의 5번 핀 → 좌측 전조등(HI) → E21의 (　)번 핀 → G02 접지

② 우측 전조등(HI) 점등 : E09의 5번 핀 → 우측 전조등(HI) → E09의 2번 핀 → G01 접지

[5] 계기판의 상향등 점등

상시전원 → 전조등(HIGH) 퓨즈 → 전조등 릴레이(HIGH)스위치 → ON → JM09의 F4번 → I21-2의 (　)번 핀 → 계기판의 상향등 → I21-2의 9번 핀 → I20의 13번 핀 → 조인트 커넥터 → I20의 11번 핀 → M08의 1번 핀 → 조인트 커넥터 → M08의 6번 핀 → G04 접지

02. 고광도 전조등 회로에서 라이트를 OFF 상태에서 딤머/패싱 스위치를 FLASH로 ON 시키는 경우에 회로도상의 전류가 흐르는 요소들을 잘 보고 6개의 (　)를 채우시오.

[1] 딤머/패싱 스위치를 FLASH에 위치시켜서 전조등 릴레이(LOW)를 구동함

ON전원 → 실내 정션박스 퓨즈 10 → I/P-G의 3번 핀 → JM09의 D4번 핀 → 전조등 릴레이(LOW) → JM09의 C9번 핀 → M01-1의 11번 핀 → 딤머/패싱스위치 → FLASH → M01-1의 1번 핀 → M08의 17번 핀 → 조인트 커넥터 → M08의 6번 핀 → (　　) 접지

[2] 딤머/패싱 스위치를 FLASH에 위치시켜서 HID 릴레이 구동함

ON전원 → 실내 정션박스 퓨즈 10 → I/P-G의 3번 핀 → JM09의 D4번 핀 → 엔진 룸 정션박스 → JE01의 E7번 핀 → C → E40의 2번

핀 → HID 릴레이 → E40의 4번 핀 → A → JE01의 D10번 핀 → JM09의 C9번 핀 → M01-1의 11번 → 딤머/패싱스위치 → FLASH → M01-1의 1번 핀 → M08의 17번 핀 → 조인트 커넥터 → M08의 ( ) 번 핀 → G04 접지

① 좌측 HID 액추에이터 점등 : 상시전원 → 좌측 전조등(LOW) 퓨즈 → 전조등 릴레이(LOW)스위치 → ON → JE01의 E8번 핀 → B → E31의 2번 핀 → 좌측 HID 액추에이터 → E31의 1번 핀 → G02 접지

② 우측 HID 액추에이터 점등 : 상시전원 → 우측 전조등(LOW) 퓨즈 → JE01의 F9번 핀 → E40의 3번 핀 → HID 릴레이 스위치 → ON → E40의 1번 핀 → E33의 2번 핀 → 우측 HID 액추에이터 → E33의 1번 핀 → G01 접지

[3] 딤머/패싱 스위치를 FLASH에 위치시켜서 전조등 릴레이(HIGH)를 구동한다.

ON전원 → 실내 정션박스 퓨즈 10 → I/P-G의 3번 핀 → JM09의 D4번 핀 → 전조등 릴레이 (HIGH) → JM09의 A3번 핀 → M01-1의 2번 핀 → 딤머/패싱스위치 → FLASH → M01-1의 ( )번 핀 → M08의 17번 핀→ 조인트 커넥터 → M08의 6번 핀 → G04 접지

[4] 전조등 HI 점등

상시전원 → 전조등(HIGH) 퓨즈 → 전조등 릴레이(HIGH)스위치 → ON → JE01의 A4번 ┬→ E30의 2번 핀
└→ E32의 2번 핀

① 좌측 HID 전조등(HI) 점등 : E30의 ( )번 핀 → 좌측 HID 전조등 (HI) → E30의 5번 핀 → G02 접지

② 우측 HID 전조등(HI) 점등 : E32의 2번 핀 → 우측 HID 전조등(HI)

→ E32의 5번 핀 → G01 접지

[5] 계기판의 상향등 점등

상시전원 → 전조등(HIGH) 퓨즈 → 전조등 릴레이(HIGH)스위치 → ON → JM09의 F4번 → I21-2의 10번 핀 → 계기판의 상향등 → I21-2의 (　　)번 핀 → I20의 13번 핀→ 조인트 커넥터 → I20의 11번 핀 → M08의 1번 핀 → 조인트 커넥터 → M08의 6번 핀 → G04 접지

03. 일반 전조등 전기회로도에서 패싱 스위치를 사용해서 헤드라이트를 HIGH상태로 점등 시킬 때에 전류가 흐르지 않는 배선 2가지의 색깔과 굵기를 찾아 아래 빈칸에 배선 색깔과 굵기를 적으시오.

6.3 전조등 제어회로 실험 실습

실습

01. 헤드라이트의 패싱 동작은 정상적으로 구동이 되었는가?
예(   ), 아니오(   )

02. 전조등 램프를 탈부착 하시오.

03. 주어진 차량의 회로도를 이용하여 릴레이 탈거후 +, - 전원을 점검하시오.

로우 스위치 비작동시 E48 -1,2,3,5핀 점검	체크램프 : 1.	2.	3.	5.
로우 스위치 작동시 E48 -1,2,3,5핀 점검	체크램프 : 1.	2.	3.	5.

04. 전조등 Low퓨즈 및 다기능스위치 커넥터(M01-2) 탈거 후 +, - 전원을 점검하시오.

로우 스위치 작동시 (Low15A퓨즈탈거)	체크램프 : 1.	2.	3.	5.
로우 스위치 작동시 (M01-2 커넥터 탈거)	체크램프 : 1.	2.	3.	5.

05. 전조등 회로에 고장부분을 점검한 후 기록표에 기록·판정하시오

측정 항목	① 측정(또는 점검)		② 판정 및 정비(또는 조치)사항	
	이상부위	내용 및 상태	판정 (□에 "✔" 표)	정비 및 조치할 사항
전조등 회로			□ 양호 □ 불량	

06. 본인이 고장을 만들어 차량에 나타나는 현상과 수리를 위해 고장진단 절차에 따른 점검방법을 기록하시오.

고장내역	점검방법

07 오토라이트 제어

7.1 교재의 구성

[1] 내용소개

자동차 오토 라이트장치의 고장진단 및 정비에 필요한 관련 지식과 그 목적을 달성하기 위한 기본적이 능력인 자동차 오토라이트 장치 전기 회로도를 해독할 수 있도록 실습을 구성하였다. 여러 가지 해석문제와 실습을 통해 학생 스스로 흥미를 갖고 회로도의 해석에 자신감을 갖을 수 있도록 한다. 학습 후 학생 스스로 자신의 학습능력을 검토할 수 있도록 하였다.

[2] 학습목표

여러 가지 종류의 자동차 오토 라이트장치를 고장 진단하고 정비하는데 필요한 여러 차종의 오토 라이트장치 전기 회로도를 설명할 수 있다.

[3] 선수학습모듈

자동차 전기부품 및 전자장치에 대한 구조 및 작동원리에 대한 기초적인 지식을 타 교과에서 이수하도록 한다.

7.2 일반 차량의 오토라이트 제어회로

[1] 주요어

오토라이트, 다기능 스위치, 스티어링 휠, 전조등 릴레이

[2] 개요

자동차 오토라이트의 고장진단 및 정비에 필요한 관련 지식과 그 목적을 달성하기 위한 기본적이 능력인 자동차 오토라이트 전기 회로도를 해독할 수 있도록 실습을 구성하였다. 여러 가지 해석문제와 실습을 통해 학생 스스로 흥미를 갖고 회로도의 해석에 자신감을 갖을 수 있도록 한다. 학습 후 학생 스스로 자신의 학습능력을 검토할 수 있도록 하였다.

[3] 학습목표

여러 가지 종류의 자동차 오토 라이트장치를 고장진단하고 정비하는데 필요한 여러 차종의 오토라이트 전기 회로도를 설명할 수 있다.

QUESTION 01

다음 회로도를 보고 라이트스위치를 AUTO에 놓고 딤머/패싱 스위치를 LOW로 놓았을 때의 전류의 흐름을 전원부터 접지까지 회로도 위에 표시하시오.

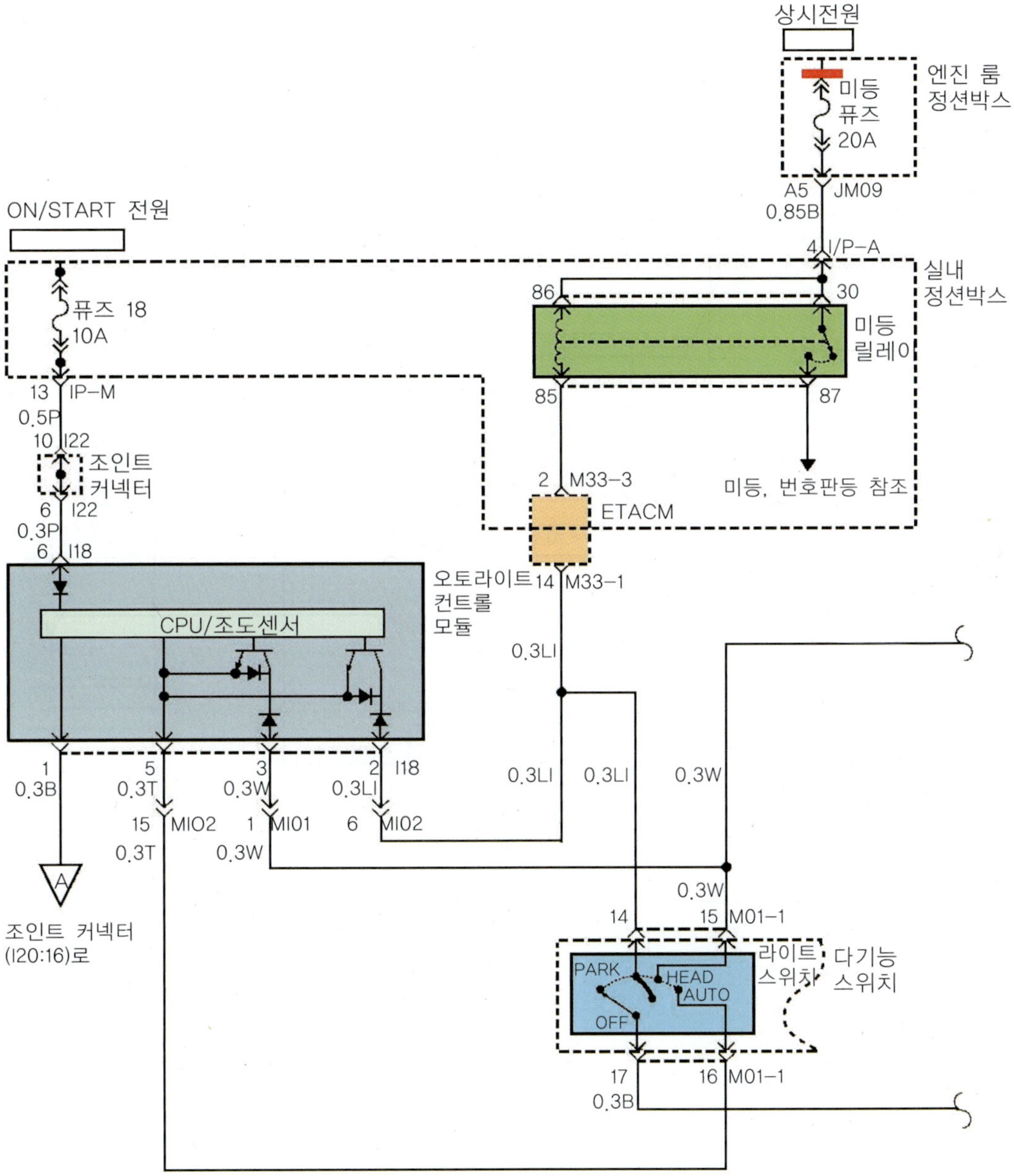

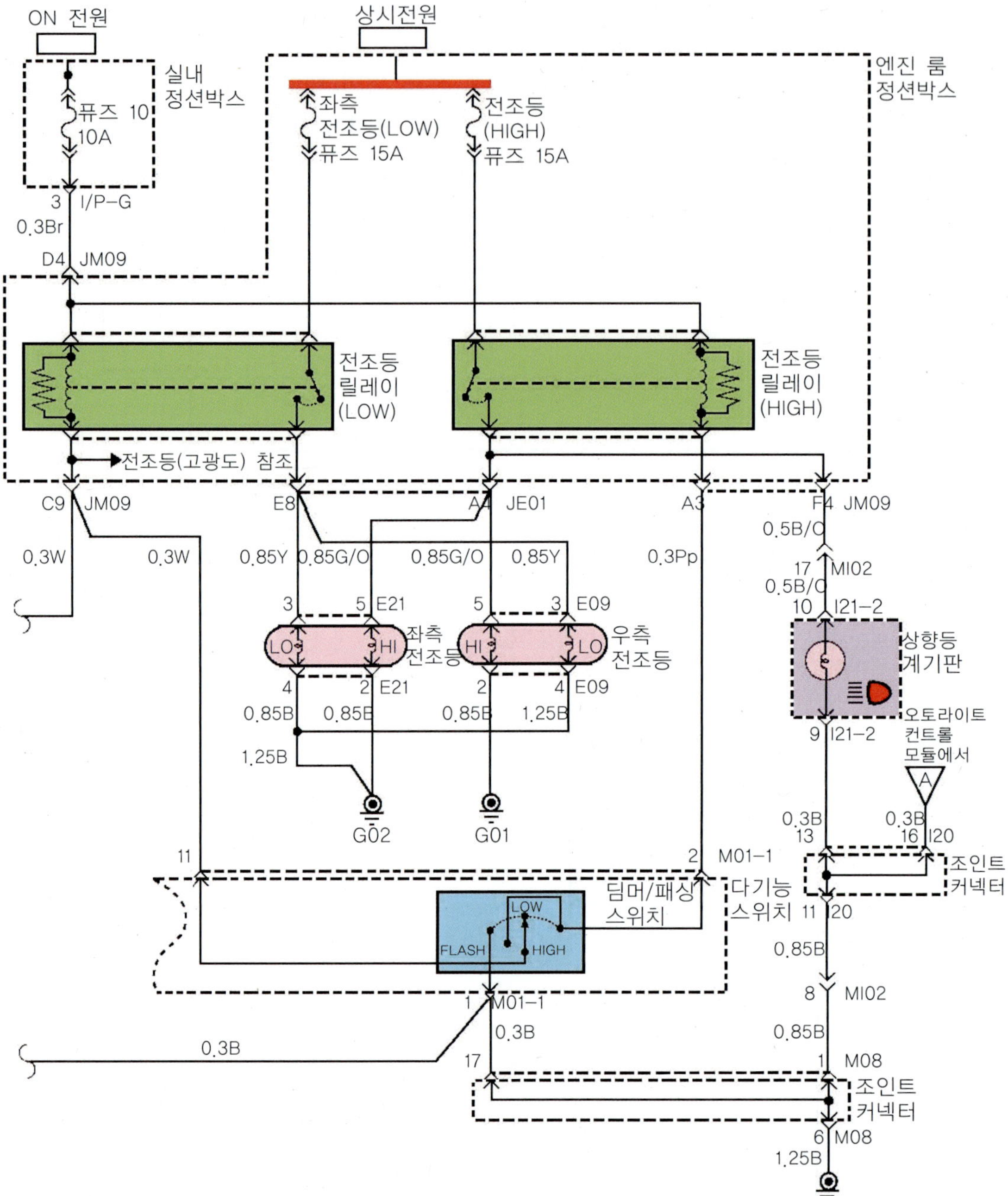

ON 전원
실내 정션박스
퓨즈 10 10A
3 I/P-G
0.3Br
D4 JM09
상시전원
엔진 룸 정션박스
좌측 전조등(LOW) 퓨즈 15A
전조등 (HIGH) 퓨즈 15A
전조등 릴레이 (LOW)
전조등 릴레이 (HIGH)
전조등(고광도) 참조
C9 JM09
E8
A4 JE01
A3
F4 JM09
0.3W
0.3W
0.85Y
0.85G/O
0.85G/O
0.85Y
0.3Pp
0.5B/O
17 MI02
0.5B/O
10 I21-2
3
5 E21
5
3 E09
LO
HI
좌측 전조등
HI
LO
우측 전조등
상향등 계기판
4
2 E21
2
4 E09
0.85B
0.85B
0.85B
1.25B
9 I21-2
오토라이트 컨트롤 모듈에서
A
1.25B
G02
G01
0.3B
13
0.3B
16 I20
조인트 커넥터
11
2 M01-1
딤머/패싱 스위치
다기능 스위치
11 I20
LOW
FLASH
HIGH
0.85B
8 MI02
1 M01-1
0.3B
0.3B
0.85B
17
1 M08
조인트 커넥터
6 M08
1.25B
G04

QUESTION 02

전류 흐름도를 보고 다음 물음에 답하시오.

01. 위의 전기 회로도에서 라이트 스위치를 AUTO 상태로 놓고 딤머/패싱 스위치를 LOW에 놓았을 경우에 회로도상의 전류가 흐르는 요소들을 잘 보고 4개의 (　)를 채우시오.

[1] 라이트 스위치를 AUTO에 놓으면 조도 센서가 전조등 릴레이(LOW)를 제어함

ON전원 → 실내 정션박스 퓨즈 10 → I/P-G의 3번 핀 → JM09의 D4번 핀 → 전조등 릴레이(LOW) → JM09의 C9번 핀 → I18의 (　　)번 핀 → 오토라이트 조도센서 → I18의 5번 핀 → M01-1의 16번 핀 → 라이트스위치 → AUTO → M01-1의 (　)번 핀 → M08의 17번 핀 → 조인트 커넥터 → M08의 6번 핀 → G04 접지

[2] 전조등 LO 점등

상시전원 → 전조등(LOW) 퓨즈 → 전조등 릴레이(LOW)스위치 → ON → JE01의 E8번 ┬→ E21의 3번 핀
　　　　　　　　　　　　　　└→ E09의 3번 핀

① 좌측 전조등(LOW) 점등 : E21의 (　)번 핀 → 좌측 전조등(LO) → E21의 4번 핀 → G02 접지

② 우측 전조등(LOW) 점등 : E09의 3번 핀 → 우측 전조등(LO) → E09의 (　)번 핀 → G02 접지

02. 위의 전기 회로도에서 라이트 스위치를 AUTO 상태로 놓고 딤머/패싱 스위치를 HIGH에 놓았을 경우에 회로도상의 전류가 흐르는 요소들을 잘 보고 6개의 (　)를 채우시오.

[1] 라이트 스위치를 AUTO에 놓으면 조도 센서가 전조등 릴레이(LOW)를 제어함

ON전원 → 실내 정션박스 퓨즈 10 → I/P-G의 3번 핀 → JM09의 D4번 핀 → 전조등 릴레이(LOW) → JM09의 C9번 핀 → I18의 3번 핀 → 오토라이트 조도센서 → I18의 5번 핀 → M01-1의 (　　)번 핀 → 라이트스위치 → AUTO → M01-1의 17번 핀 → M08의 17번 핀 → 조인트 커넥터 → M08의 6번 핀 → G04 접지

[2] 전조등 LO 점등

상시전원 → 전조등(LOW) 퓨즈 → 전조등 릴레이(LOW)스위치 → ON → JE01의 E8번
- → E21의 3번 핀
- → E09의 3번 핀

① 좌측 전조등(LOW) 점등 : E21의 3번 핀 → 좌측 전조등(LO) → E21의 4번 핀 → (　) 접지

② 우측 전조등(LOW) 점등 : E09의 3번 핀 → 우측 전조등(LO) → E09의 4번 핀 → G02 접지

[3] 딤머/패싱 스위치를 HIGH에 위치시켜서 전조등 릴레이(HIGH)를 구동함

ON전원 → 실내 정션박스 퓨즈 10 → I/P-G의 3번 핀 → JM09의 (　)번 핀 → 전조등 릴레이(HIGH) → JM09의 A3번 핀 → M01-1의 2번 핀 → 딤머/패싱스위치 → HIGH → M01-1의 11번 핀 → I18의 3번 핀 → 오토라이트 조도센서 → I18의 (　　)번 핀→ M01-1의 16번 핀→ 라이트스위치 → AUTO → M01-1의 17번 핀 → M08의 17번 핀 → 조인트 커넥터 → M08의 6번 핀 → G04 접지

[4] 전조등 HI 점등

상시전원 → 전조등(HIGH) 퓨즈 → 전조등 릴레이(HIGH)스위치 → ON → JE01의 A4번 ┬→ E21의 5번 핀
└→ E09의 5번 핀

① 좌측 전조등(HI) 점등 : E21의 5번 핀 → 좌측 전조등(HI) → E21의 (　　)번 핀 → G02 접지

② 우측 전조등(HI) 점등 : E09의 5번 핀 → 우측 전조등(HI) → E09의 2번 핀 → G01 접지

[5] 계기판의 상향등 점등

상시전원 → 전조등(HIGH) 퓨즈 → 전조등 릴레이(HIGH)스위치 → ON → JM09의 F4번 → I21-2의 (　　)번 핀 → 계기판의 상향등 → I21-2의 9번 핀 → I20의 13번 핀 → 조인트 커넥터 → I20의 11번 핀 → M08의 1번 핀 → 조인트 커넥터 → M08의 6번 핀 → G04 접지

03. 위의 전기 회로도에서 라이트스위치를 AUTO 상태로 놓아서 오토라이트 컨트롤 모듈이 미등 릴레이를 제어하는 경우에 회로도상의 전류가 흐르는 요소들을 잘 보고 2개의 (　　)를 채우시오.

[1] 라이트 스위치를 AUTO에 놓으면 조도 센서가 미등 릴레이를 제어함

상시전원 → 실내 정션박스 미등 퓨즈 → JM09의 A5번 핀 → I/P-A의 4번 핀 → 미등 릴레이 → ETACM → M33-1의 14번 핀 → I18의 (　　)번 핀 → 오토라이트 조도센서 → I18의 5번 핀 → M01-1의 (　　)번 핀 → 라이트 스위치 → AUTO → M01-1의 17번 핀 → M08의 17번 핀 → 조인트 커넥터 → M08의 6번 핀 → G04 접지

Chapter

03

자동차 모터제어

1. 와이퍼 및 와셔 모터제어
2. 레인센서 제어
3. 파워 윈도우 제어
4. 파워 도어록 제어회로
5. 파워 아웃사이드 미러 제어
6. 파워 아웃사이드 미러 폴딩 제어
7. 파워시트 제어회로
8. 선루프 제어회로

01 와이퍼 및 와셔 모터제어

1.1 교재의 구성

[1] 내용소개

자동차 와이퍼 및 와셔 모터의 고장진단 및 정비에 필요한 관련 지식과 그 목적을 달성하기 위한 기본적이 능력인 자동차 와이퍼 및 와셔 모터 전기 회로도를 해독할 수 있도록 실습을 구성하였다. 여러 가지 해석문제와 실습을 통해 학생 스스로 흥미를 갖고 회로도의 해석에 자신감을 갖을 수 있도록 한다. 학습 후 학생 스스로 자신의 학습능력을 검토할 수 있도록 하였다.

[2] 학습목표

여러 가지 종류의 자동차 와이퍼 및 와셔 모터장치를 고장진단하고 정비하는데 필요한 여러 차종의 와이퍼 및 와셔 모터 전기 회로도를 설명할 수 있다.

[3] 선수학습모듈

자동차 전기부품 및 전자장치에 대한 구조 및 작동원리에 대한 기초적인 지식을 타 교과에서 이수하도록 한다.

1.2 일반 차량의 와이퍼 및 와셔 제어회로

[1] 주요어

와이퍼 제어장치, 다기능 스위치, 스티어링 휠, 와이퍼 제어장치 릴레이

[2] 개요

자동차 와이퍼 제어장치의 고장진단 및 정비에 필요한 관련 지식과 그 목적을 달성하기 위한 기본적이 능력인 자동차 와이퍼 제어장치 전기 회로도를 해독할 수 있도록 실습을 구성하였다. 여러 가지 해석문제와 실습을 통해 학생 스스로 흥미를 갖고 회로도의 해석에 자신감을 갖을 수 있도록 한다. 학습 후 학생 스스로 자신의 학습능력을 검토할 수 있도록 하였다.

[1] 학습목표

여러 가지 종류의 자동차 와이퍼 제어장치를 고장진단하고 정비하는데 필요한 여러 차종의 와이퍼 제어장치 전기 회로도를 설명할 수 있다.

QUESTION 01

다음 전기 회로도를 보고 와이퍼 스위치 2단(LO) 작동 시 전류의 흐름을 ON 전원부터 접지까지 회로도 위에 표시하시오.

[레인센서 미적용]

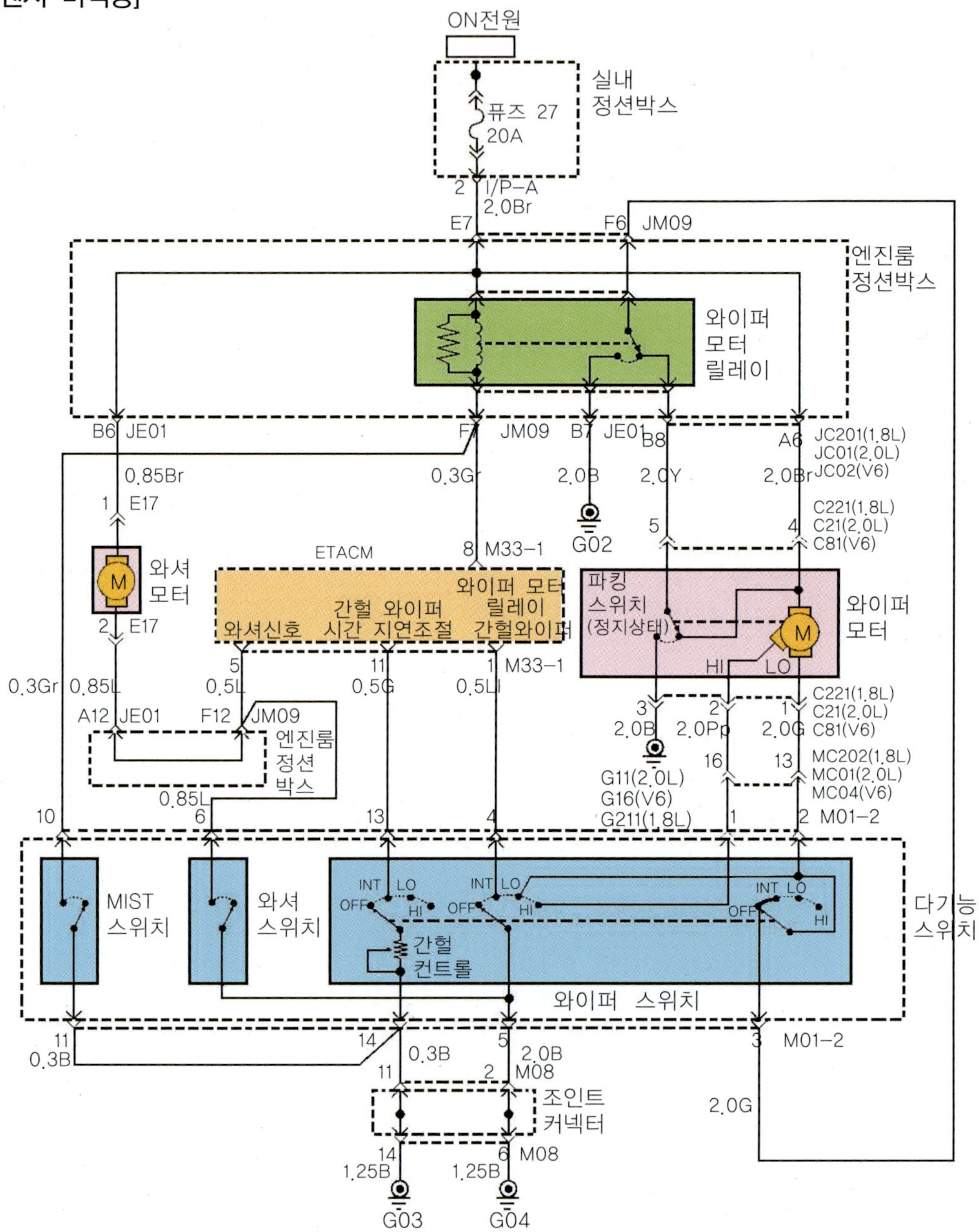

QUESTION 02

전류 흐름도를 보고 다음 물음에 답하시오.

01. 와이퍼 스위치 2단 작동 시 전류가 흐르는 요소를 잘 보고 3개의 (　)를 채우시오 (2.0L를 기준으로).

ON전원 → 실내 정션박스 27번 퓨즈 → I/P-A커넥터의 2번 핀 → JM09의 E7 → JC01의 A6 → C21의 (　)번 핀 → 와이퍼 모터 LO → C21커넥터의 1번 핀 → MO1-2의 2번 핀 → 와이퍼 스위치 LO → M01-2의 (　)번 핀 → M08의 2번 핀 → 조인트 커넥터 → M08의 6번 핀 → (　　)접지

[1] 위의 전기회로도에서 와이퍼 스위치 2단 작동 시 전류가 흐르지 않는 요소를 아래에서 모두 찾아 (　)안에 적으시오.

ETACM, 실내 정션박스, G04접지, 와이퍼 모터,
와셔 모터, 와이퍼 모터 릴레이, 와이퍼 스위치, G03 접지

(　　　　　) (　　　　　) (　　　　　) (　　　　　)

[2] 와이퍼 2단 작동 시 전류가 흐르는 배선의 색깔 3가지를 모두 찾아 (　) 안에 적으시오.

(　　　　　) (　　　　　) (　　　　　)

02. 와이퍼 3단 작동 시 전류가 흐르는 요소를 잘 보고 3개의 (　)를 채우시오(2.0L를 기준으로).

ON전원 → 실내 정션박스 (　)번 퓨즈 → I/P-A커넥터의 2번 핀 → JM09의 E7 → JC01의 A6 → C21의 4번 핀 → 와이퍼 모터 HI → C21커넥터의 (　)번 핀 → MO1-2의 1번 핀 → 와이퍼 스위치 HI → M01-2의 5번 핀

→ M08의 2번 핀 → 조인트 커넥터 → M08의 (   )번 핀 → G04접지

[1] 위의 전기 회로도에서 와이퍼 3단 작동 시 전류가 흐르지 않는 요소를 아래에서 모두 찾아 ( )안에 적으시오.

ETACM, 실내 정션박스, G04접지, 와이퍼 모터, 와셔 모터,
와이퍼 모터 릴레이, 와이퍼 스위치, G03 접지

(   ) (   ) (   ) (   )

[2] 와이퍼 3단 작동 시 전류가 흐르는 배선의 색깔 3가지를 모두 찾아 (   )안에 적으시오.

(   ) (   ) (   )

※ 와이퍼 모터에 있는 파킹스위치의 동작은 다음과 같다(2.0L을 기준으로). 파킹스위치는 와이퍼 모터가 회전하기 시작하면 접지(G11)와 연결이 되었다가 와이퍼가 파킹위치(정지 위치)에 되돌아오게 되면 파킹스위치가 접지에서 떨어지도록 되어 있다.

03. 와이퍼 스위치를 정지시켰는데도 와이퍼 모터는 계속 회전하는 파킹 동작 경우에 전류가 흐르는 요소를 잘 보고 3개의 (   )를 채우시오(2.0L를 기준으로).

ON전원 → 실내 정션박스 27번 퓨즈 → I/P-A 커넥터의 2번 핀 → JM09의 E7번 핀 → JC01의 A6번 핀 → C21의 4번 핀 → 와이퍼 모터 LO → C21의 (   )번 핀 → MO1-2의 2번 핀 → 와이퍼 스위치 OFF → M01-2의 3번 핀 → JM09의 F6번 핀 → 와이퍼 모터 릴레이 → JC01의 B8번 핀 → C21의 5번 핀 → 파킹 스위치 → C21의 (   )번 핀 → G11 접지

[1] 위의 전기 회로도에서 와이퍼 모터 파킹 작동 시 전류가 흐르지 않는 요소를 아래에서 모두 찾아 ( )안에 적으시오.

ETACM, 실내 정션박스, G11접지, 와이퍼 모터,
와셔 모터, 와이퍼 모터 릴레이, 와이퍼 스위치, G04 접지

( ) ( ) ( )

[2] 와이퍼 모터 파킹 동작 시 전류가 흐르는 배선의 색깔 4가지를 모두 찾아 ( ) 안에 적으시오.

( ) ( ) ( ) ( )

04. MIST스위치를 작동시켰을 때 전류가 흐르는 요소를 잘 보고 4개의 ( )를 채우시오(2.0L를 기준으로).

(1) 와이퍼 릴레이 동작

ON전원 → 실내 정션박스 27번 퓨즈 → I/P-A 커넥터의 2번 핀 → JM09의 E7번 핀 → 와이퍼 모터 릴레이 → JM09의 ( )번 핀 → MO1-2의 10번 핀 → MIST 스위치 → M01-2의 ( )번 핀 → M08의 11번 핀 → 조인트 커넥터 → M08의 14번 핀 → G03 접지

(2) 와이퍼 모터 동작

ON전원 → 실내 정션박스 27번 퓨즈 → I/P-A 커넥터의 2번 핀 → JM09의 E7번 핀 → JC01의 A6번 핀 → C21의 4번 핀 → 와이퍼 모터 LO → C21의 1번 핀 → MO1-2의 2번 핀 → 와이퍼 스위치 OFF → M01-2의 3번 핀 → JM09의 ( )번 핀 → 와이퍼 모터 릴레이 → JE01의 B7번 핀 → ( )접지

[1] 위의 전기 회로도에서 와이퍼 모터 MIST 작동 시 전류가 흐르지 않는 요소를 아래에서 모두 찾아 ( )안에 적으시오.

ETACM , 실내 정션박스, G11접지, 와이퍼 모터, 와셔 모터,
와이퍼 모터 릴레이, MIST 스위치, G02 접지

( ) ( ) ( )

[2] MIST 스위치 작동 시 와이퍼 모터가 회전할 경우에 회로도에 전류가 흐르는 배선의 색깔 4가지를 모두 찾아 ( )안에 적으시오.

( ) ( ) ( ) ( )

05. 와셔 모터 작동 시 전류가 흐르는 요소를 잘 보고 2개의 ( )를 채우시오(2.0L를 기준으로).

ON전원 → 실내 정션박스 27번 퓨즈 → I/P-A커넥터의 2번 핀 → JM09의 E7번 핀 → JE01의 B6번 핀 → E17의 ( )번 핀 → 와셔 모터 → E17의 2번 핀 → JE01의 A12번 핀 → JM09의 F12번 핀 → MO1-2의 ( )번 핀 → 와셔 스위치 → M01-2의 5번 핀 → M08의 2번 핀 → 조인트 커넥터 → M08의 6번 핀 → G04 접지

[1] 위의 전기 회로도에서 와셔 모터만 작동 시 전류가 흐르지 않는 요소를 아래에서 모두 찾아 ( )안에 적으시오.

실내 정션박스, G04 접지, 와셔 모터, 와이퍼 스위치, G03 접지

( ) ( )

[2] 와셔 모터 작동 시 전류가 흐르는 배선의 색깔 3가지를 모두 찾아 ( )안에 적으시오.

( ) ( ) ( )

1.3 와이퍼 및 와셔 모터의 실험 실습

실습

01. 와이퍼 모터는 정상적으로 구동이 되었는가?
    예(　　　), 아니오(　　　)

02. 와이퍼 릴레이를 탈거하여 점검하시오.

03. 와이퍼 모터, 다기능 스위치를 탈거하시오.

04. 4핀 릴레이 장학 후 차량 현상을 기록하시오.

05. 와이퍼 작동중 스위치를 OFF 하였을 때 와이퍼 위치를 기록하고 이유를 회로도를 활용하여 설명하시오.

06. 와이퍼 작동중 키 스위치를 OFF 하였을 때 와이퍼 위치를 기록하고 이유를 회로도를 활용하여 설명하시오.

07. 와이퍼 회로에 고장부분을 점검한 후 기록표에 기록 · 판정하시오

측정 항목	① 측정(또는 점검)		② 판정 및 정비(또는 조치)사항	
	이상부위	내용 및 상태	판정 (□에 "✔" 표)	정비 및 조치할 사항
와이퍼 회로			□ 양호 □ 불량	

08. 본인이 고장을 만들어 차량에 나타나는 현상과 수리를 위해 고장진단 절차에 따른 점검방법을 기록하시오.

고장내역	점검방법

02 레인센서 제어

2.1 교재의 구성

[1] 내용소개

자동차 레인센서 제어장치의 고장진단 및 정비에 필요한 관련 지식과 그 목적을 달성하기 위한 기본적이 능력인 자동차 레인센서 제어장치 전기회로도를 해독할 수 있도록 실습을 구성하였다. 여러 가지 해석문제와 실습을 통해 학생 스스로 흥미를 갖고 회로도의 해석에 자신감을 갖을 수 있도록 한다. 학습 후 학생 스스로 자신의 학습능력을 검토할 수 있도록 하였다.

[2] 학습목표

여러 가지 종류의 자동차 레인센서 제어장치를 고장진단하고 정비하는데 필요한 여러 차종의 레인센서 제어장치 전기 회로도를 설명할 수 있다.

[3] 선수학습모듈

자동차 전기부품 및 전자장치에 대한 구조 및 작동원리에 대한 기초적인 지식을 타 교과에서 이수하도록 한다.

2.2 일반 차량의 레인센서 제어 실습

[1] 주요어

레인센서, 다기능 스위치, 스티어링 휠, 레인센서 릴레이

[2] 개요

자동차 레인센서의 고장진단 및 정비에 필요한 관련 지식과 그 목적을 달성하기 위한 기본적이 능력인 자동차 레인센서 전기회로도를 해독할 수 있도록 실습을 구성하였다. 여러 가지 해석문제와 실습을 통해 학생 스스로 흥미를 갖고 회로도의 해석에 자신감을 갖을 수

있도록 한다. 학습 후 학생 스스로 자신의 학습능력을 검토할 수 있도록 하였다.

[3] 학습목표

여러 가지 종류의 자동차 레인센서 장치를 고장진단하고 정비하는데 필요한 여러 차종의 레인센서 전기 회로도를 설명할 수 있다.

QUESTION 01

다음 전기 회로도를 보고 레인센서 장착 차량의 AUTO모드 작동 시 전류의 흐름을 ON전원부터 접지까지 회로도 위에 표시하시오.

[레인센서 적용]

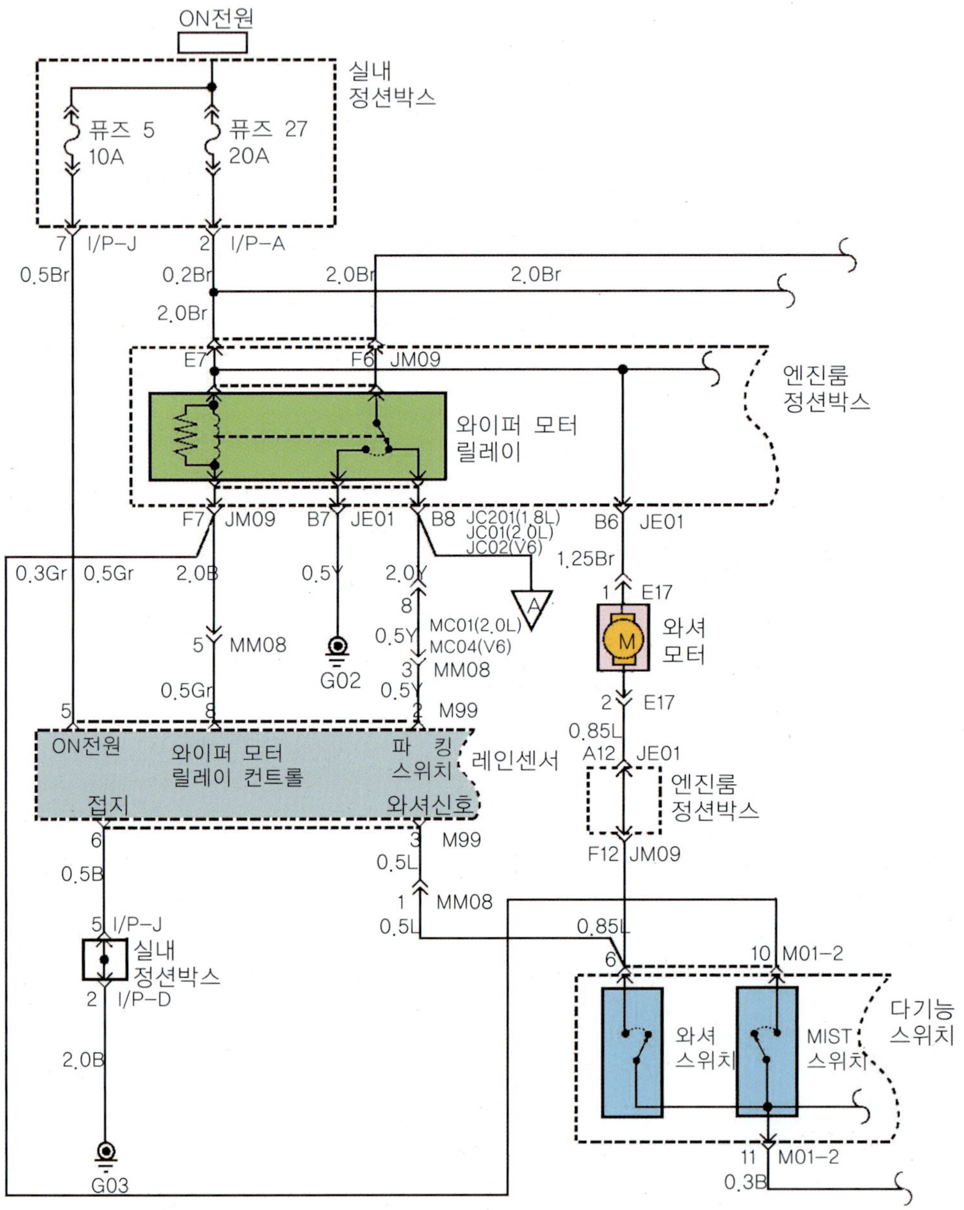

[레인센서 적용]

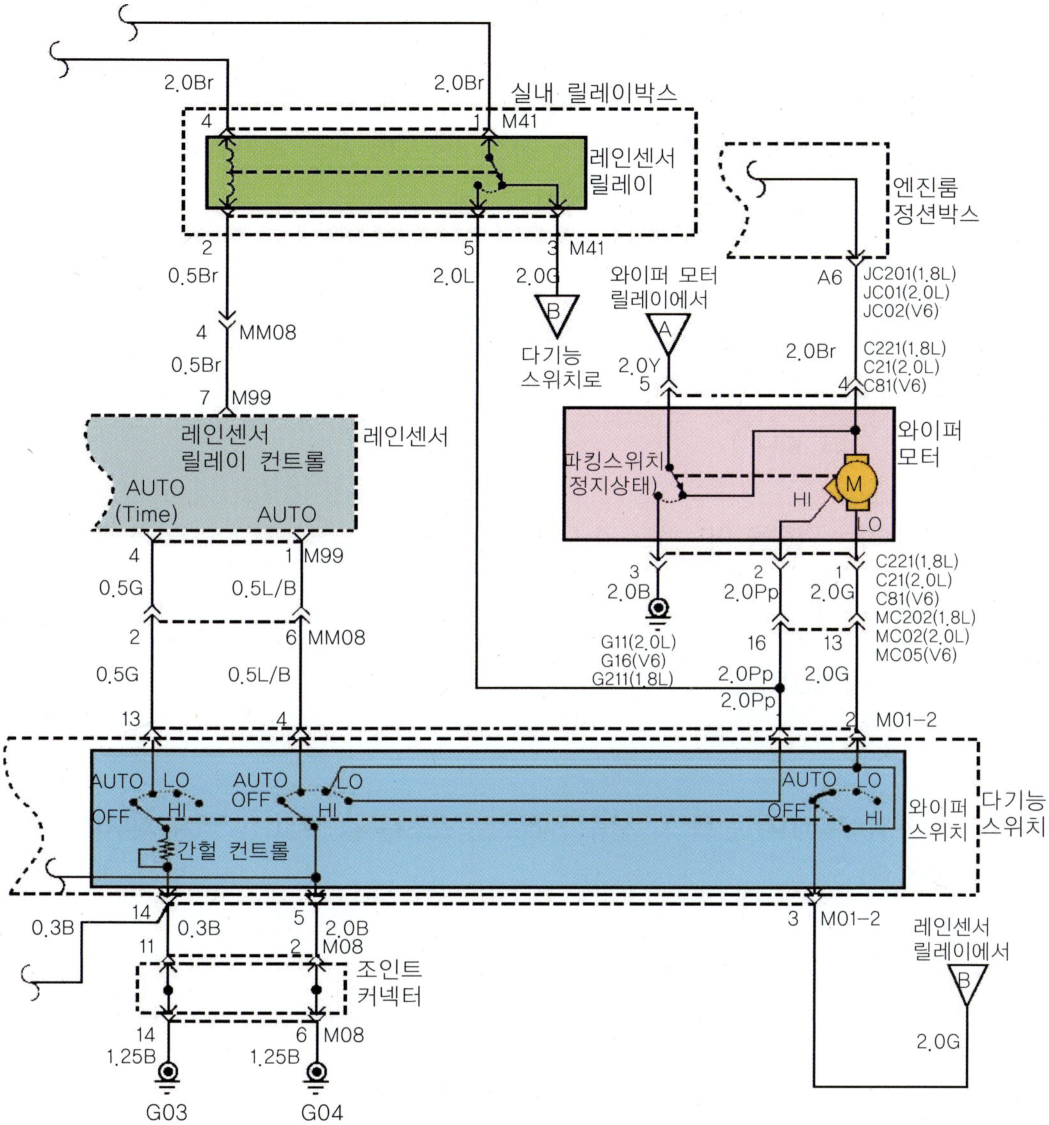

2.0Br
2.0Br
실내 릴레이박스
M41
레인센서
릴레이
엔진룸
정션박스
0.5Br
2.0L
2.0G
M41
와이퍼 모터
릴레이에서
A6
JC201(1.8L)
JC01(2.0L)
JC02(V6)
MM08
0.5Br
다기능
스위치로
2.0Y
2.0Br
C221(1.8L)
C21(2.0L)
C81(V6)
M99
레인센서
릴레이 컨트롤
AUTO
(Time)
AUTO
레인센서
파킹스위치
정지상태)
와이퍼
모터
HI
LO
M99
0.5G
0.5L/B
2.0B
2.0Pp
2.0G
C221(1.8L)
C21(2.0L)
C81(V6)
MC202(1.8L)
MC02(2.0L)
MC05(V6)
MM08
G11(2.0L)
G16(V6)
G211(1.8L)
0.5G
0.5L/B
2.0Pp
2.0G
2.0Pp
M01-2
AUTO
LO
OFF
HI
간헐 컨트롤
와이퍼
스위치
다기능
스위치
0.3B
0.3B
2.0B
M08
M01-2
레인센서
릴레이에서
조인트
커넥터
M08
1.25B
1.25B
2.0G
G03
G04

QUESTION 02

레인센서 적용 회로도와 레인센서 미적용 회로도를 보고 다음 물음에 답하시오.

01. 레인센서 장착 차량과 미 장착 차량의 전기 회로도를(01. 와이퍼 및 와셔 모터제어 참조) 비교하고 레인센서 장착 차량의 전기 회로도에 새로 추가되어 있는 2가지 요소는 무엇인지 다음 (   ) 안에 적으시오.
( ), ( )

02. 레인센서 장착 차량의 와이퍼 전기 회로도에는 ETACM은 있는가, 없는가? 알맞은 곳에 ○를 하시오.
(있다)   (없다)

03. ETACM이 하는 역할을 어느 요소가 대신하고 있다고 생각되는지 (   )안에 적으시오.
( )

04. 와이퍼 스위치 AUTO는 다음 중 어느 것을 대신하고 있는가? (   )
① OFF   ② INT   ③ LO   ④ HI

05. 와이퍼 스위치 AUTO 선택 시 전류가 흐르는 요소를 잘 보고 (   )를 채우시오(2.0L을 기준으로).

[1] 레인센서의 전원 공급

ON전원 → 실내 정션박스 5번 퓨즈 → I/P-J의 (   )번 핀 → M99의 5번 핀 → 레인 센서 → M99의 6번 핀 → I/P-J의 5번 핀 → 실내 정션박스 → I/P-D의 2번 핀 → G03 접지

[2] 와이퍼 스위치 AUTO 감지

레인 센서 → M99의 1번 핀 → M01-2의 4번 핀 → 와이퍼 스위치 AUTO → M01-2의 5번 핀 → M08의 2번 핀 → 조인트 커넥터 → M08의 6번 핀 → (   )접지

[3] 간헐 TIME 컨트롤 스위치 감지

레인 센서 → M99의 4번 핀 → M01-2의 ( )번 핀 → 간헐 컨트롤 스위치 → M01-2의 14번 핀 → M08의 11번 핀 → 조인트 커넥터 → M08의 14번 핀 → G03 접지

[4] 빗방울 소량 감지 시 와이퍼 모터 LO 회전

① 레인센서가 와이퍼 릴레이 작동시킴 : ON전원 → 실내 정션박스 27번 퓨즈 → I/P-A 커넥터의 2번 핀 → JM09의 E7번 핀 → 와이퍼 모터 릴레이 → JM09의 ( )번 핀 → M99의 8번 핀 → 레인 센서 → M99의 6번 핀 → I/P-J의 5번 핀 → I/P-D의 2번 핀 → G03 접지

② 와이퍼 모터 LO 회전 : ON전원 → 실내 정션박스 27번 퓨즈 → I/P-A의 2번 핀 → JM09의 E7번 핀 → JC01의 A6번 핀 → C21의 4번 핀 → 와이퍼 모터 LO → C21의 1번 핀 → MO1-2의 2번 핀 → 와이퍼 스위치 AUTO → M01-2의 3번 핀 → B → M41의 3번 핀 → 레인센서 릴레이 스위치 → M41의 1번 핀 → JM09의 ( )번 핀 → 와이퍼 모터 릴레이 스위치 → JE01의 B7번 핀 → G02 접지

[5] 빗방울 대량 감지 시 와이퍼 모터 HI 회전

① 레인센서가 와이퍼 릴레이 작동시킴 : ON전원 → 실내 정션박스 27번 퓨즈 → I/P-A의 2번 핀 → JM09의 E7번 핀 → 와이퍼 모터 릴레이 → ( )의 F7번 핀 → M99의 8번 핀 → 레인센서 → M99의 6번 핀 → I/P-J의 5번 핀 → I/P-D의 2번 핀 → G03 접지

② 레인센서가 레인센서 릴레이 작동시킴 : ON전원 → 실내 정션박스 27번 퓨즈 → I/P-A의 2번 핀 → M41의 ( )번 핀 → 레인센서 릴레이 → M41의 2번 핀 → M99의 7번 핀 → 레인센서 → M99의 6번 핀 → I/P-J의 5번 핀 → I/P-D의 2번 핀 → G03 접지

③ 와이퍼 모터 HI 회전 : ON전원 → 실내 정션박스 27번 퓨즈 → I/P-A의 2번 핀 → JM09의 E7번 핀 → JC01의 A6번 핀 → C21의 4번 핀 → 와이퍼 모터 HI → C21의 2번 핀 → M41의 5번 핀→ 레인센서 릴레이 스위치 → M41의 1번 핀 → JM09의 (   )번 핀 → 와이퍼 모터 릴레이 스위치 → JE01의 B7번 핀 → G02 접지

06. 위의 전기 회로도에서 레인 센서가 빗방울을 소량으로 감지하여 와이퍼 모터가 LO상태로 회전하는 때에 전류가 흐르지 않는 요소를 아래에서 모두 찾아 (   )안에 적으시오.

> 레인센서, 실내 정션 박스, G02접지, 와이퍼 모터, 와셔 모터,
> 와이퍼 모터 릴레이, 레인센서 릴레이, 와이퍼 스위치, G04 접지

(   ) (   )

07. 위의 전기회로도에서 레인 센서에 전원이 들어오고 와이퍼스위치가 AUTO에 놓여 있으며 빗방울을 소량 감지하여 와이퍼 모터가 LO상태로 회전하는 경우에 전류가 흐르는 배선의 색깔 6가지를 모두 찾아 (   )안에 적으시오.

(   ) (   ) (   ) (   ) (   ) (   )

03 파워 윈도우 제어

3.1 교재의 구성

[1] 내용소개

자동차 파워 윈도우장치의 고장진단 및 정비에 필요한 관련 지식과 그 목적을 달성하기 위한 기본적이 능력인 자동차 파워 윈도우 장치 전기 회로도를 해독할 수 있도록 실습을 구성하였다. 여러 가지 해석문제와 실습을 통해 학생 스스로 흥미를 갖고 회로도의 해석에 자신감을 갖을 수 있도록 한다. 학습 후 학생 스스로 자신의 학습능력을 검토할 수 있도록 하였다.

[2] 학습목표

여러 가지 종류의 자동차 파워 윈도우장치를 고장 진단하고 정비하는데 필요한 여러 차종의 파워 윈도우장치 전기 회로도를 설명할 수 있다.

[3] 선수학습모듈

자동차 전기부품 및 전자장치에 대한 구조 및 작동원리에 대한 기초적인 지식을 타 교과에서 이수하도록 한다.

3.2. 일반 차량의 윈도우제어 실습

[1] 주요어

파워 윈도우, 다기능 스위치, 스티어링 휠, 파워 윈도우 릴레이

[2] 개요

자동차 파워 윈도우의 고장진단 및 정비에 필요한 관련 지식과 그 목적을 달성하기 위한 기본적이 능력인 자동차 파워 윈도우 전기 회로도를 해독할 수 있도록 실습을 구성하였다. 여러 가지 해석문제와 실습을 통해 학생 스스로 흥미를 갖고 회로도의

해석에 자신감을 갖을 수 있도록 한다. 학습 후 학생 스스로 자신의 학습능력을 검토 할 수 있도록 하였다.

[3] 학습목표

여러 가지 종류의 자동차 파워 윈도우장치를 고장진단하고 정비하는데 필요한 여러 차종의 파워 윈도우 전기 회로도를 설명할 수 있다.

QUESTION 01

다음 회로도를 보고 운전석 윈도우 스위치를 사용해서 운전석 측(좌측 앞) 윈도우를 열기위해서 스위치를 작동시킬 때의 전류의 흐름을 상시전원부터 접지까지 회로도 위에 표시하시오.

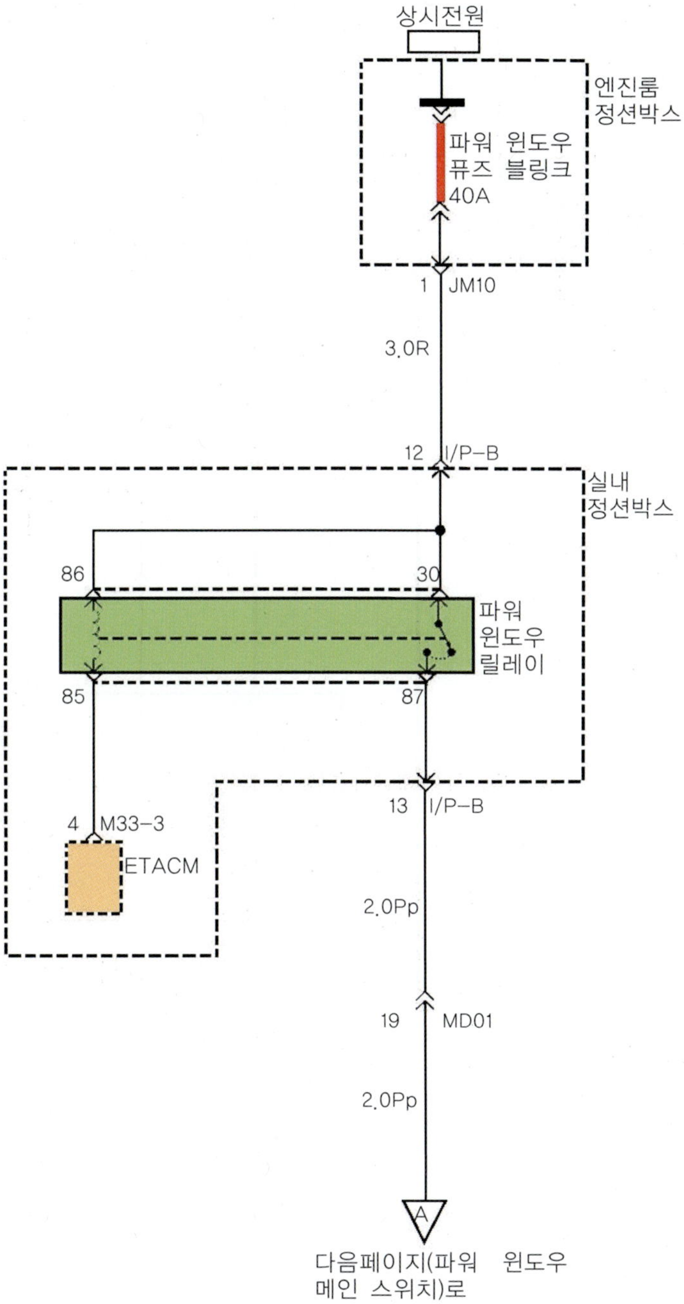

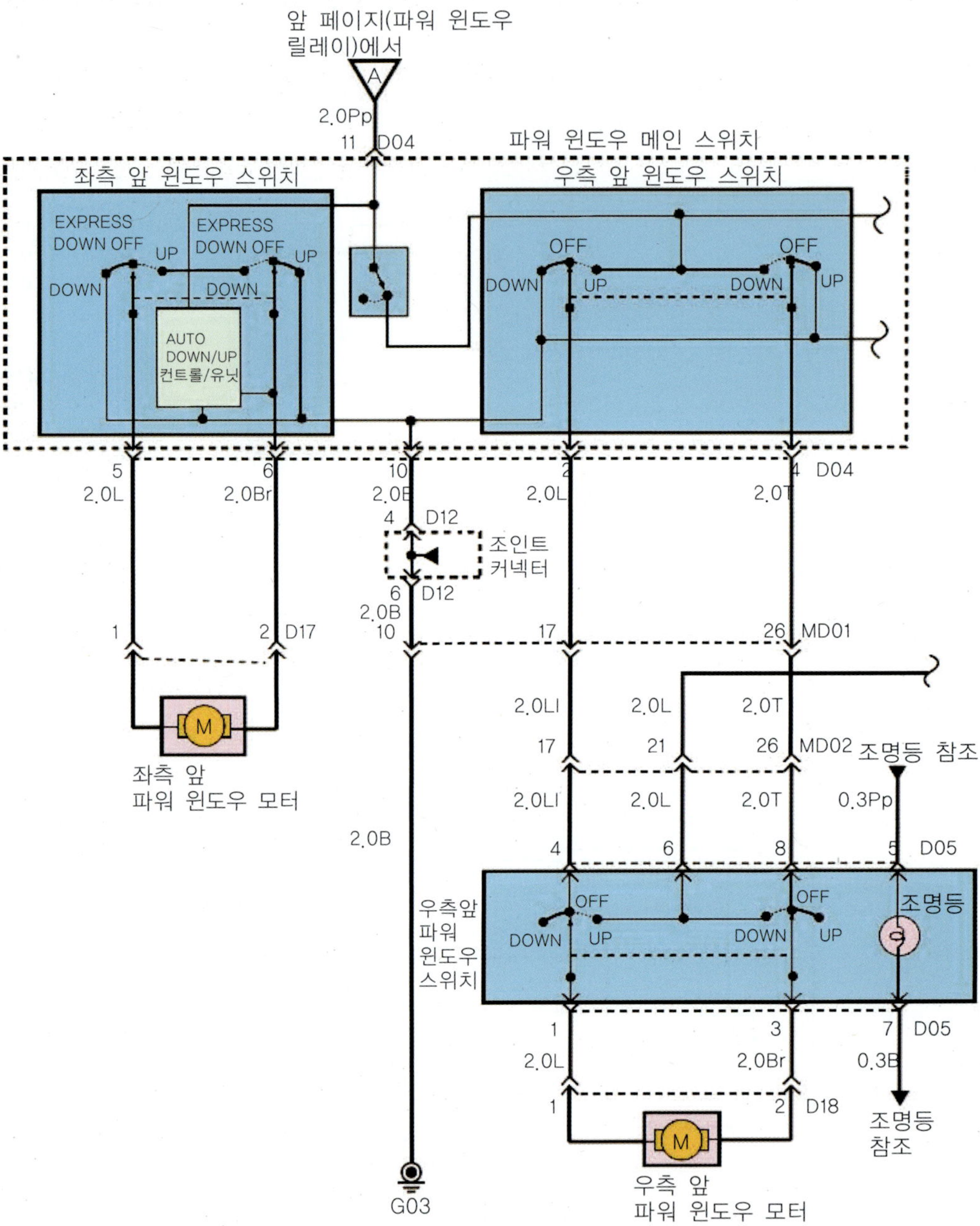

앞 페이지(파워 윈도우
릴레이)에서
A
2.0Pp
11 D04
파워 윈도우 메인 스위치
좌측 앞 윈도우 스위치
우측 앞 윈도우 스위치
EXPRESS
DOWN OFF
UP
DOWN
AUTO
DOWN/UP
컨트롤/유닛
OFF
5
2.0L
6
2.0Br
10
2.0B
2
4 D04
2.0T
4 D12
조인트
커넥터
6 D12
1
2 D17
10
17
26 MD01
2.0LI
21
2.0L
26 MD02
조명등 참조
0.3Pp
5 D05
M
좌측 앞
파워 윈도우 모터
2.0B
우측앞
파워
윈도우
스위치
조명등
1
3
7 D05
0.3B
2 D18
조명등
참조
G03
우측 앞
파워 윈도우 모터

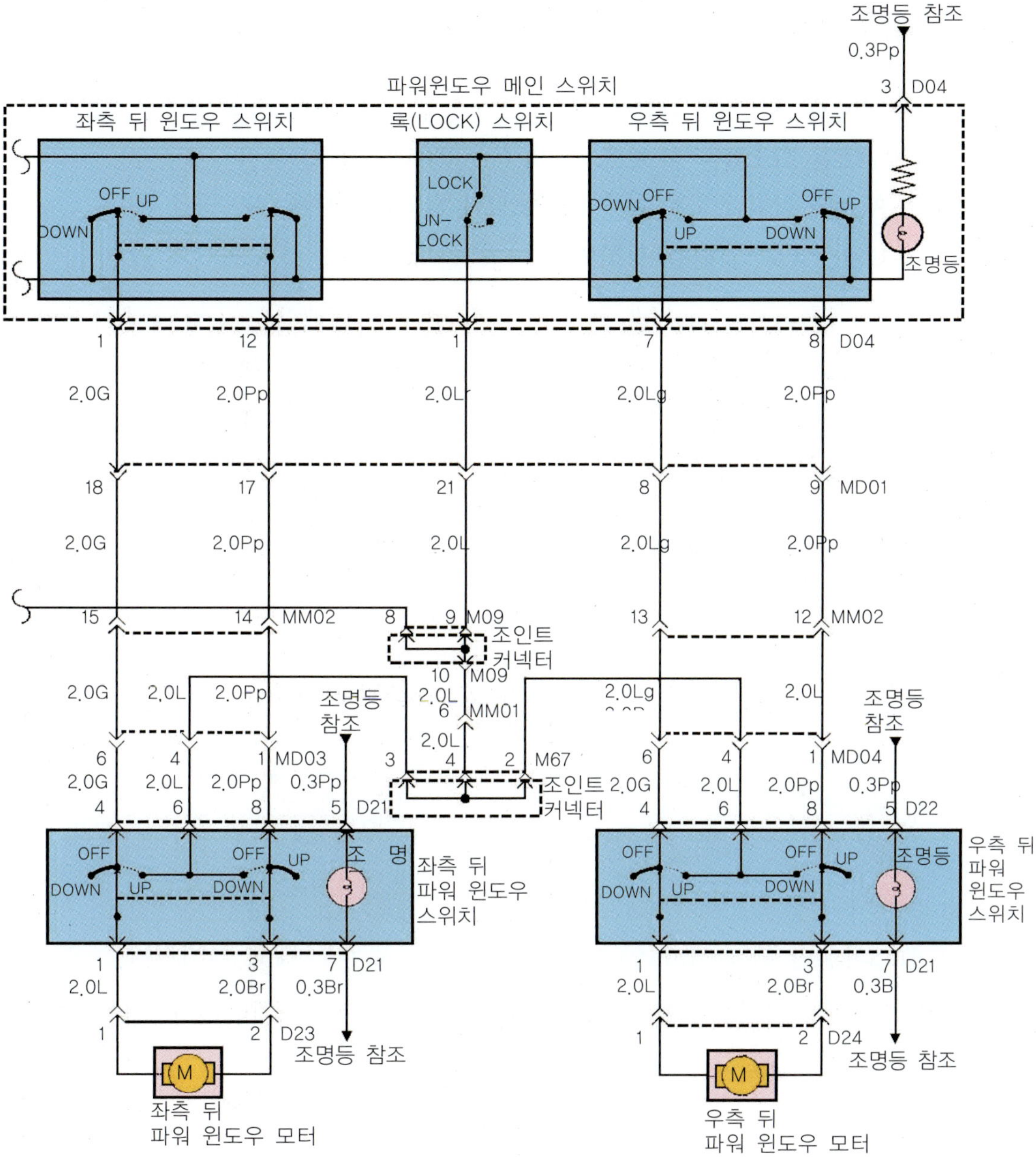
조명등 참조
0.3Pp
파워윈도우 메인 스위치
3 D04
좌측 뒤 윈도우 스위치
록(LOCK) 스위치
우측 뒤 윈도우 스위치
OFF UP
DOWN
LOCK
UN-LOCK
DOWN OFF
OFF UP
UP
DOWN
조명등
1 12 1 7 8 D04
2.0G 2.0Pp 2.0L 2.0Lg 2.0Pp
18 17 21 8 9 MD01
2.0G 2.0Pp 2.0L 2.0Lg 2.0Pp
15 14 MM02 8 9 M09 13 12 MM02
조인트 커넥터
10 M09
2.0G 2.0L 2.0Pp
조명등 참조
2.0L
6 MM01
2.0Lg
2.0L
조명등 참조
2.0L
6 4 1 MD03 3 4 2 M67 6 4 1 MD04
2.0G 2.0L 2.0Pp 0.3Pp
조인트 커넥터
2.0G 2.0L 2.0Pp 0.3Pp
4 6 8 5 D21 4 6 8 5 D22
OFF OFF UP
DOWN UP DOWN
조명
좌측 뒤 파워 윈도우 스위치
OFF OFF UP
DOWN UP DOWN
조명등
우측 뒤 파워 윈도우 스위치
1 3 7 D21
2.0L 2.0Br 0.3Br
1 3 7 D21
2.0L 2.0Br 0.3B
1 2 D23
조명등 참조
1 2 D24
조명등 참조
M
좌측 뒤 파워 윈도우 모터
M
우측 뒤 파워 윈도우 모터

QUESTION 02

전류 흐름도를 보고 다음 물음에 답하시오.

01. 운전석 윈도우 스위치를 사용해서 동승석(우측 앞) 윈도우를 여는 경우에 회로도상의 전류가 흐르는 요소들을 잘 보고 4개의 (　)를 채우시오(2.0L을 기준으로).

(1) ETACM이 파워 윈도우 릴레이 구동(파워 윈도우 장치에 전원 공급 제어)

상시전원 → 엔진룸 정션박스 파워 윈도우 퓨즈 블링크 → JM10의 1번 핀 → IP-B의 (　　)번 핀 → 파워 윈도우 릴레이 → M33-3의 4번핀 → ETACM

(2) 파워 윈도우 장치에 전원 공급

상시전원 → 엔진룸 정션박스 파워 윈도우 퓨즈 블링크 → JM10의 1번 핀 → IP-B의 12번 핀 → 파워 윈도우 릴레이 스위치 → IP-B의 (　　)번 핀 → A

(3) 운전석 스위치 조작 → 동승석 윈도우 모터 회전

A → D04의 11번 핀 → 파워 윈도우 메인스위치의 우측 앞 윈도우 스위치 → DOWN → ( )의 4번 핀 → D05의 8번 핀 → 우측 앞 파워 윈도우 스위치 → D05의 3번 핀 → D18의 2번 핀 → 우측 앞 파워 윈도우 모터 → D18의 1번 핀 → D05의 (　　)번 핀 → 우측 앞 파워 윈도우 스위치 → D05의 4번 핀 → D04의 2번 핀 → 파워 윈도우 메인 스위치의 우측 앞 윈도우 스위치 → DOWN → D04의 10번 핀 → D12의 4번 핀 → 조인트 커넥터 → D12의 6번 핀 → G03 접지

[1] 위의 전기 회로도에서 운전석 측 메인 스위치를 사용해서 좌측 뒤 윈도우를 닫을 때에 전류가 흐르지 않는 요소를 아래에서 모두 찾아 ( )안에 적으시오.

파워 윈도우 퓨즈 블링크, 파워 윈도우 릴레이, 파워 윈도우 메인 스위치, 우측 뒤 파워 윈도우 스위치 좌측 뒤 윈도우 모터, 좌측 앞 파워 윈도우 모터, G03 접지, G04 접지

(   ) (   ) (   )

[2] 위의 전기회로도에서 파워 윈도우 메인 스위치에 있는 록(LOCK) 스위치를 LOCK 시켜서 윈도우 모터의 작동을 막았을 때, 작동하는 모터와 작동하지 않는 모터는 어느 것인지 아래의 빈칸에 번호를 적으시오.

1. 우측 앞 파워 윈도우 모터　　2. 좌측 앞 파워 윈도우 모터
3. 좌측 뒤 파워 윈도우 모터　　4. 우측 뒤 파워 윈도우 모터

(1) 작동하는 모터 (   )
(2) 작동하지 않는 모터 (   )

[3] 위의 전기회로도에서 파워 윈도우 메인 스위치를 사용하여 우측 뒤 윈도우를 올려서 창문을 닫으려고 할 때에 전류가 흐르는 배선의 색깔이 아닌 것을 다음에서 3가지를 찾아 ( )안에 적으시오.

빨간색, 자주색, 연두색, 황갈색, 파랑색
흰색, 갈색, 하늘색, 초록색, 검정색

(   ) (   ) (   )

02. 좌측 뒤 파워 윈도우 스위치를 사용해서 좌측 뒤 파워 윈도우 모터를 회전하여 창문을 내리는 경우에 회로도상의 전류가 흐르는 요소들을 잘 보고 2개의(　　)를 채우시오(2.0L을 기준으로).

[1] ETACM이 파워 윈도우 릴레이 구동하여 파워 윈도우 장치에 전원 공급

상시전원 → 파워 윈도우 퓨즈블 링크 → JM10의 1번 핀 → I/P-B의 12번 핀 → 파워 윈도우 릴레이 → IP-B의 13번 핀 → A

[2] 좌측 뒤 파워 윈도우 스위치 조작 → 좌측 뒤 파워 윈도우 모터 회전

A → D04의 11번 핀 → 파워 윈도우 메인 스위치의 록 스위치 → UNLOCK → D04의 (　　　)번 핀 → M09의 9번 핀 → 조인트 커넥터 → M09의 10번 핀 → M67의 4번 핀 → 조인트 커넥터 → M67의 3번 핀 → D21의 6번 핀 → 좌측 뒤 파워 윈도우 스위치 → DOWN → (　)의 3번 핀 → D23의 2번 핀 → 좌측 뒤 파워 윈도우 모터 → D23의 1번 핀 → D21의 1번 핀 → 좌측 뒤 파워 윈도우 스위치 → DOWN → D21의 4번 핀 → D04의 9번 핀 → D04의 9번 핀 → D04의 10번 핀 → D12의 4번 핀 → 조인트 커넥터 → D12의 6번 핀 → G03 접지

04 파워 도어록 제어회로

4.1 교재의 구성

[1] 내용소개

자동차 파워 도어 록의 고장진단 및 정비에 필요한 관련 지식과 그 목적을 달성하기 위한 기본적이 능력인 자동차 파워 도어 록 전기 회로도를 해독할 수 있도록 실습을 구성하였다. 여러 가지 해석문제와 실습을 통해 학생 스스로 흥미를 갖고 회로도의 해석에 자신감을 갖을 수 있도록 한다. 학습 후 학생 스스로 자신의 학습능력을 검토할 수 있도록 하였다.

[2] 학습목표

여러 가지 종류의 자동차 파워 도어 록장치를 고장진단하고 정비하는데 필요한 여러 차종의 파워 도어 록 전기 회로도를 설명할 수 있다.

[3] 선수학습모듈

자동차 전기부품 및 전자장치에 대한 구조 및 작동원리에 대한 기초적인 지식을 타 교과에서 이수하도록 한다.

4.2 일반 차량의 파워 도어록 회로 실습

[1] 주요어

파워 도어 록, 다기능 스위치, 스티어링 휠, 파워 도어 록 릴레이

[2] 개요

자동차 파워 도어 록의 고장진단 및 정비에 필요한 관련 지식과 그 목적을 달성하기 위한 기본적이 능력인 자동차 파워 도어 록 전기 회로도를 해독할 수 있도록 실습을 구성하였다. 여러 가지 해석문제와 실습을 통해 학생 스스로 흥미를 갖고 회로도

의 해석에 자신감을 갖을 수 있도록 한다. 학습 후 학생 스스로 자신의 학습능력을 검토할 수 있도록 하였다.

[3] 학습목표

여러 가지 종류의 자동차 파워 도어 록 장치를 고장 진단하고 정비하는데 필요한 여러 차종의 파워 도어 록 전기 회로도를 설명할 수 있다.

QUESTION 01

다음 회로도를 보고 파워 도어 록(LOCK)스위치를 록(LOCK)시켜서 차량의 모든 도어를 록(LOCK)시키는 경우의 전류의 흐름을 상시전원부터 접지까지 회로도 위에 표시하시오.

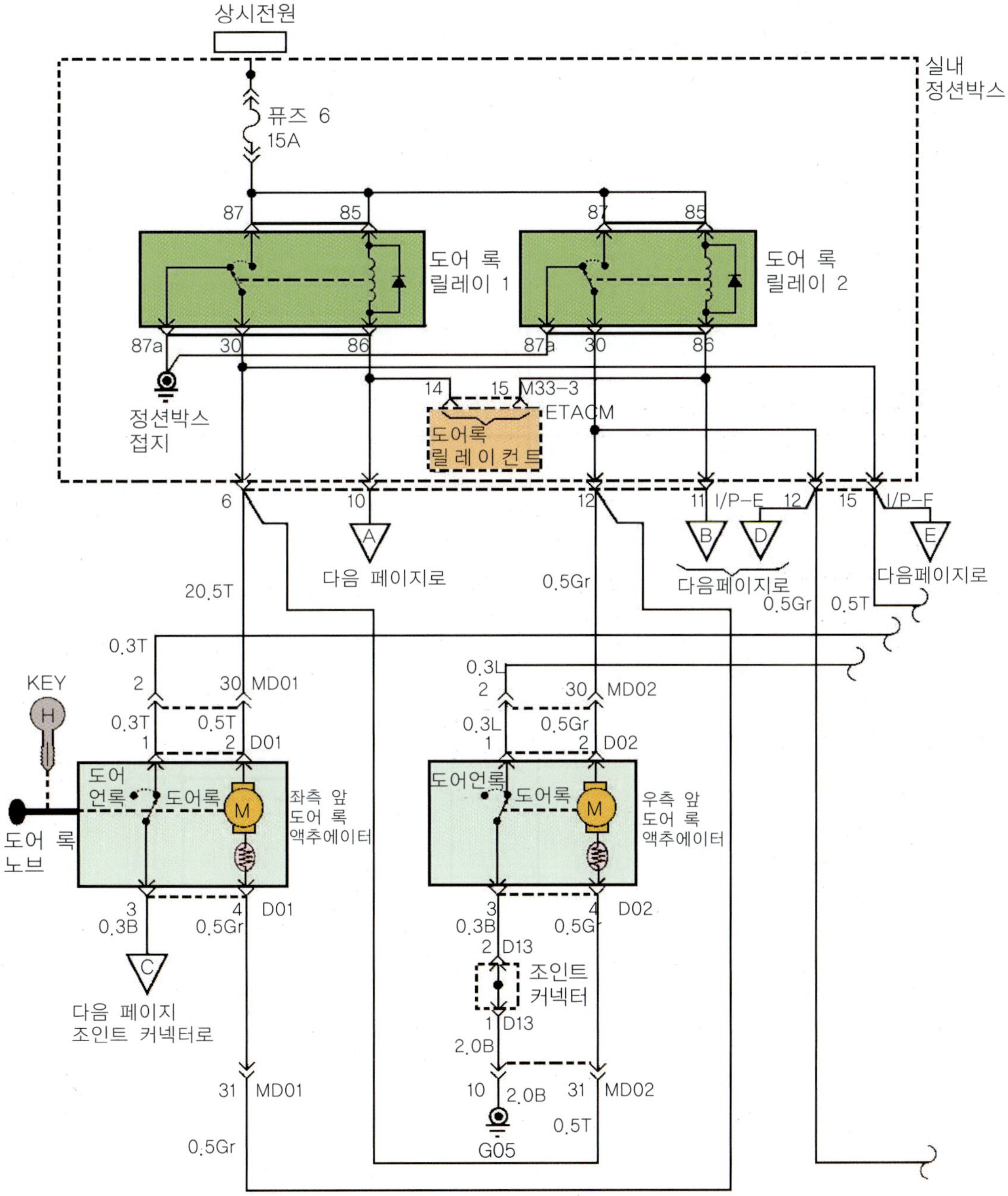

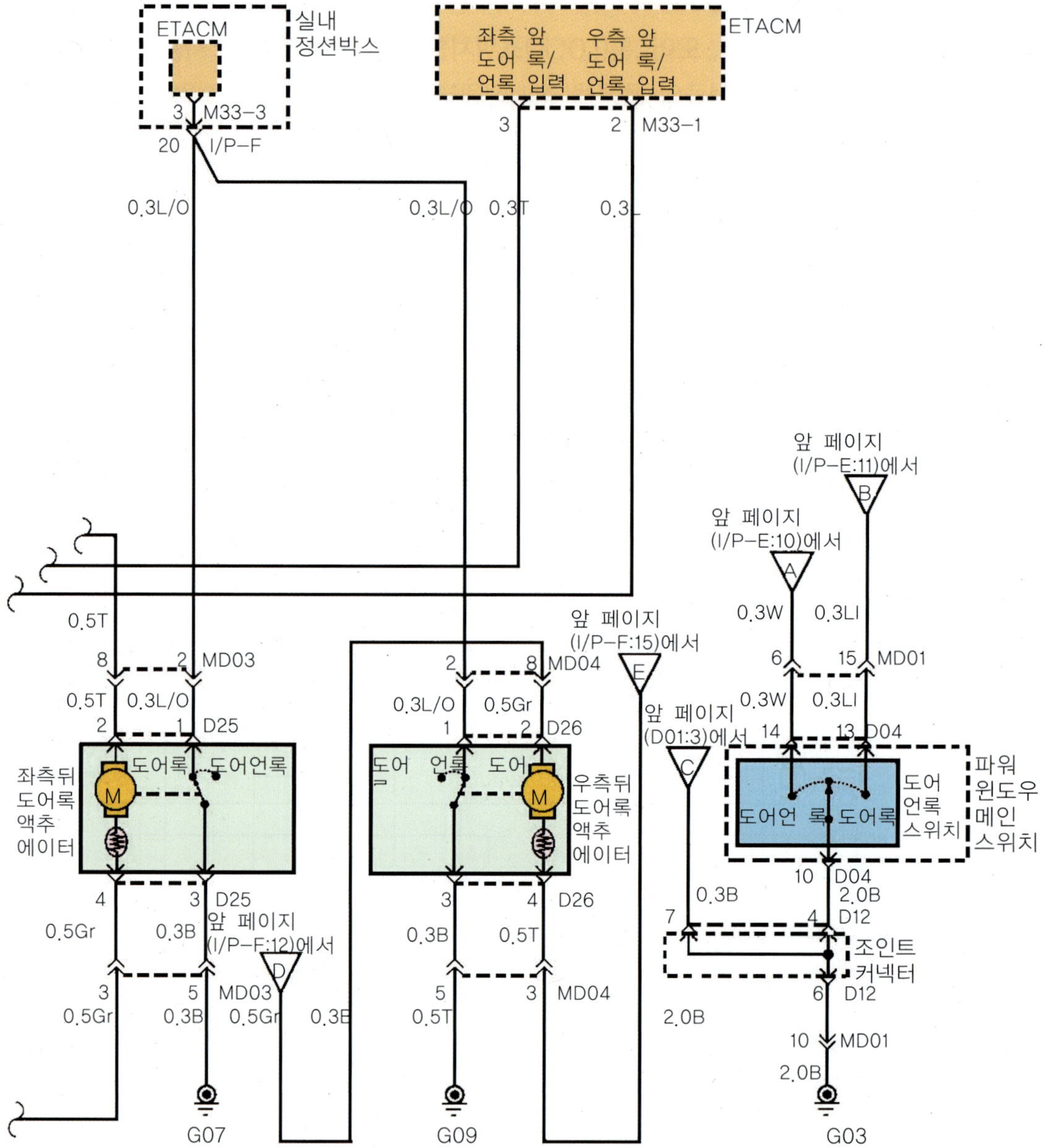
ETACM
실내 정션박스
3 M33-3
20 I/P-F
좌측 앞 도어 록/ 언록 입력
우측 앞 도어 록/ 언록 입력
ETACM
3
2 M33-1
0.3L/O
0.3L/O
0.3T
0.3L
앞 페이지 (I/P-E:11)에서
B
앞 페이지 (I/P-E:10)에서
A
0.3W
0.3Ll
0.5T
8
2 MD03
0.5T
0.3L/O
2
1 D25
2
8 MD04
0.3L/O
0.5Gr
1
2 D26
앞 페이지 (I/P-F:15)에서
E
앞 페이지 (D01:3)에서
C
6
15 MD01
0.3W
0.3Ll
14
13 D04
좌측뒤 도어록 액추에이터
도어록
도어언록
M
도어 언록 도어
우측뒤 도어록 액추에이터
도어언 록
도어록
도어 언록 스위치
파워 윈도우 메인 스위치
4
3 D25
0.5Gr
0.3B
앞 페이지 (I/P-F:12)에서
D
3
4 D26
0.3B
0.5T
10 D04
2.0B
0.3B
7
4 D12
조인트 커넥터
3
5 MD03
0.5Gr
0.3B
0.5Gr
0.3B
5
3 MD04
0.5T
6 D12
2.0B
10 MD01
2.0B
G07
G09
G03

QUESTION 02

전류 흐름도를 보고 다음 물음에 답하시오.

01. 다음 회로도를 보고 파워 윈도우 메인스위치에 있는 파워 도어 록(LOCK) 스위치를 록(LOCK)시켜서 차량의 모든 도어를 록(LOCK)시키는 경우에 회로도상의 전류가 흐르는 요소들을 잘 보고 5개의 (   )를 채우시오(2.0L을 기준으로).

[1] 도어 록 스위치의 록(LOCK) 작동으로 도어 록 릴레이 2 구동

상시전원 → 실내 정션박스의 퓨즈 6 → 도어 록 릴레이 2 → I/P-E의 11번 핀 → B D04의 (   )번 핀 → 도어 언록 스위치 → D04의 10번 핀 → D12의 4번 핀 → 조인트 커넥터 → D12의 6번 핀 → G03 접지

[2] 도어 록 릴레이 2의 스위치 작동으로 좌측 앞 도어 록 액추에이터 록(LOCK) 동작

상시전원 → 실내 정션박스의 퓨즈 6 → 도어 록 릴레이 2 스위치 ON → I/P- E의 12번 핀 → D01의 (   )번 핀 → 좌측 앞 도어 록 액추에이터 → D01의 2번 핀 → I/P-E의 6번 핀 → 도어 록 릴레이 1 스위치 OFF → 정션박스 접지

[3] 우측 앞 도어 록 액추에이터 록(LOCK) 동작

상시전원 → 실내 정션박스의 퓨즈 6 → 도어 록 릴레이 2 스위치 ON → I/P- E의 12번 핀 → D02의 2번 핀 → 우측 앞 도어 록 액추에이터 →(   )의 4번 핀 → I/P-E의 6번 핀 → 도어 록 릴레이 1 스위치 OFF → 정션박스 접지

[4] 좌측 뒤 도어 록 액추에이터 록(LOCK) 동작

상시전원 → 실내 정션박스의 퓨즈 6 → 도어 록 릴레이 2 스위치 ON → I/P -F의 12번 핀 → D25의 (   )번 핀 → 좌측 뒤 도어 록 액추에이터 → D25의 2번 핀 → I/P-F의 15번 핀 → 도어 록 릴레이 1 스위치 OFF → 정션박스 접지

[5] 우측 뒤 도어 록 액추에이터 록(LOCK) 동작

상시전원 → 실내 정션박스의 퓨즈 6 → 도어 록 릴레이 2 스위치 ON

→ I/P-F의 12번 핀 → D → D26의 2번 핀 → 우측 뒤 도어 록 액추에이터 → D26의 ( )번 핀 → E → I/P-F의 15번 핀 → 도어 록 릴레이 1 스위치 OFF → 정션박스 접지

02. 위의 전기 회로도에서 파워 윈도우 메인 스위치의 도어 언록 스위치를 언록(UNLOCK)시키는 경우에 전류가 흐르지 않는 요소를 아래에서 3개를 찾아 ( )안에 적으시오.

실내 정션박스 퓨즈 6, 도어 록 릴레이 1, 도어 언록 스위치, 좌측 앞 도어 록 액추에이터, 우측 앞 도어 록 액추에이터, ETACM, 좌측 뒤 도어 록 액추에이터, 우측 뒤 도어 록 액추에이터, G03 접지, G05 접지, G07 접지

( ) ( ) ( )

03. 위의 전기회로도에서 각 도어 록 액추에이터가 록(LOCK)과 언록(UNLOCK)의 경우에 흐르는 전류의 입출력의 커넥터의 핀 번호를 다음 빈 칸에 적으시오.

	전류 입력 핀	액추에이터 이름	전류 출력 핀
도어 록(LOCK)	D01의 4번	좌측 앞 도어 록 액추에이터	D01의 2번
	①	우측 앞 도어 록 액추에이터	②
	③	좌측 뒤 도어 록 액추에이터	④
	⑤	우측 뒤 도어 록 액추에이터	⑥
	⑦	좌측 앞 도어 록 액추에이터	⑧
	⑨	우측 앞 도어 록 액추에이터	⑩
	⑪	좌측 뒤 도어 록 액추에이터	⑫
	⑬	우측 뒤 도어 록 액추에이터	⑭

04. 위의 전기회로도에서 파워 윈도우 메인스위치의 도어 언록 스위치를 언록(UNLOCK)시키는 경우에 전류가 흐르는 배선의 색깔이 아닌 것을 다음에서 3가지를 찾아 ( )안에 적으시오.

파랑색에 오렌지색 줄무늬, 황갈색, 파랑색, 흰색, 하늘색, 회색, 검정색

( ) ( ) ( )

05 파워 아웃사이드 미러 제어

5.1 교재의 구성

[1] 내용소개

자동차 파워 아웃사이드 미러의 고장진단 및 정비에 필요한 관련 지식과 그 목적을 달성하기 위한 기본적이 능력인 자동차 파워 아웃사이드 미러 전기 회로도를 해독할 수 있도록 실습을 구성하였다. 여러 가지 해석문제와 실습을 통해 학생 스스로 흥미를 갖고 회로도의 해석에 자신감을 갖을 수 있도록 한다. 학습 후 학생 스스로 자신의 학습능력을 검토할 수 있도록 하였다.

[2] 학습목표

여러 가지 종류의 자동차 파워 아웃사이드 미러장치를 고장진단하고 정비하는데 필요한 여러 차종의 파워 아웃사이드 미러 전기 회로도를 설명할 수 있다.

[3] 선수학습모듈

자동차 전기부품 및 전자장치에 대한 구조 및 작동원리에 대한 기초적인 지식을 타 교과에서 이수하도록 한다.

5.2 일반 차량의 파워 아웃사이드 미러 회로실습

[1] 주요어

파워 아웃사이드 미러, 다기능 스위치, 스티어링 휠, 파워 아웃사이드 미러 릴레이

[2] 개요

자동차 파워 아웃사이드 미러의 고장진단 및 정비에 필요한 관련 지식과 그 목적을 달성하기 위한 기본적이 능력인 자동차 파워 아웃사이드 미러 전기 회로도를 해독할 수 있도록 실습을 구성하였다. 여러 가지 해석문제와 실습을 통해 학생 스스로 흥미

를 갖고 회로도의 해석에 자신감을 갖을 수 있도록 한다. 학습 후 학생 스스로 자신의 학습능력을 검토할 수 있도록 하였다.

[3] 학습목표

여러 가지 종류의 자동차 파워 아웃사이드 미러 장치를 고장 진단하고 정비하는데 필요한 여러 차종의 파워 아웃사이드 미러 전기 회로도를 설명할 수 있다.

QUESTION 01

다음 회로도와 TABLE을 보고 LEFT측의 사이드 미러를 DOWN시키려고 할 때 전류의 흐름을 ACC/ON 전원부터 접지까지 회로도 위에 표시하시오.

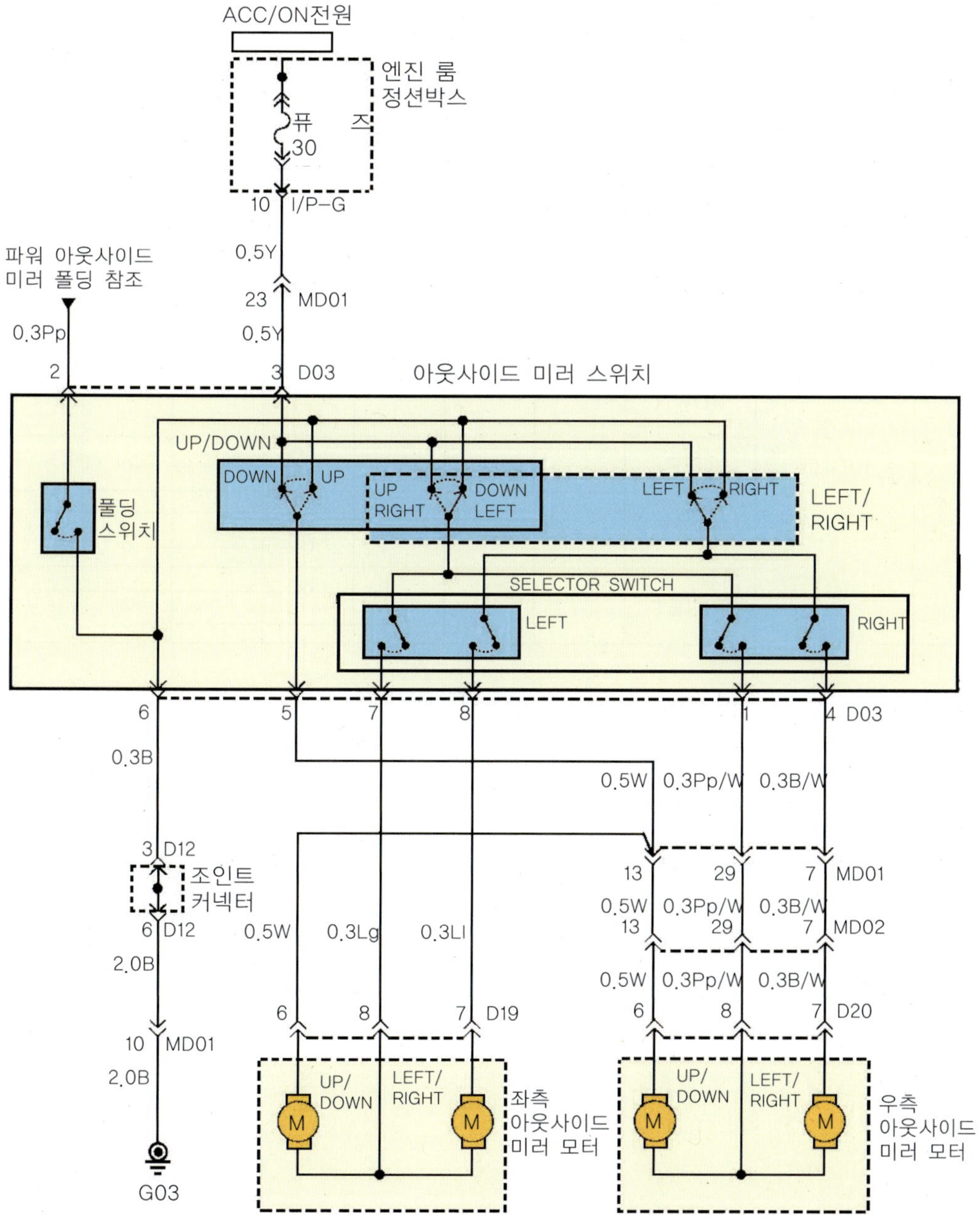

[표 1] TABLE

	SELECTOR SWITCH POSITION	POSITION	Pin NO.						
			7	8	1	4	5	3	6
MIRROR SELECT SWITCH	LEFT	UP					○	—	○
			○	○	—	—	—	○	
		DOWN	○	○	—	—	—	—	○
							○	○	
		OFF	○	○	—	—	○	○	
		LEFT	○	—	—	—	—	—	○
				○	—	—	—	○	
		RIGHT		○	—	—	—	—	○
			○	—	—	—	○	○	
	RIGHT	UP					○	—	○
					○	—	—	○	
		DOWN			○	—	—	—	○
							○	○	
		OFF			○	○	○	○	
		LEFT			○	—	—	—	○
						○	—	○	
		RIGHT				○	—	—	○
					○	—	—	○	

QUESTION 02

전류 흐름도를 보고 다음 물음에 답하시오.

01. 위의 TABLE을 잘 보고 아웃사이드 미러 스위치의 동작 위치를 다음 빈칸에 보기와 같이 적으시오.

미러 스위치	위치	UP/DOWN 스위치	LEFT/RIGHT 스위치	LEFT 스위치	RIGHT 스위치
LEFT	UP	UP	LEFT	ON	OFF
	DOWN	DOWN	RIGHT	ON	OFF
	OFF				
	LEFT				
	RIGHT				
RIGHT	UP				
	DOWN				
	OFF				
	LEFT				
	RIGHT				

02. 회로도와 TABLE을 보고 LEFT측의 사이드 미러를 DOWN시키려고 할 때 회로도상의 전류가 흐르는 요소들을 잘 보고 2개의 ( )를 채우시오.

ACC/ON전원 → 실내 정션박스 퓨즈 30번 → I/P-G의 10번 핀 → D03의 3번 핀 → 아웃사이드 미러 DOWN 스위치 ON → D03의 ( )번 핀 → D19의 6번 핀 → 좌측 아웃사이드 미러 UP/DOWN 모터 → D19의 8번 핀 → D03의 7번 핀 → 아웃사이드 미러 LEFT 스위치 ON → D03의 ( )번 핀 → D12의 3번 핀 → 조인트 커넥터 → D12의 6번 핀 → G03 접지

03. 회로도와 TABLE을 보고 RIGHT측의 사이드 미러를 RIGHT시키려고 할 때 회로도상의 전류가 흐르는 요소들을 잘 보고 2개의 (   )를 채우시오.

ACC/ON 전원 → 실내 정션박스 퓨즈 30번 → I/P-G의 10번 핀 → D03의 (   )번 핀 → 아웃사이드 미러 RIGHT 스위치 ON → D03의 1번 핀 → D20의 8번 핀 → 좌측 아웃사이드 미러 LEFT/RIGHT 모터 → D20의 (   )번 핀 → D03의 4번 핀 → 아웃사이드 미러 RIGHT 스위치 ON → D03의 6번 핀 → D12의 3번 핀 → 조인트 커넥터 → D12의 6번 핀 → G03 접지

04. 전기 회로도에서 LEFT측 사이드 미러를 RIGHT측으로 동작시키려고 할 때 전류가 흐르지 않는 요소를 아래에서 모두 찾아 (   )안에 그 번호를 적으시오.

① D03의 7번 핀, ② D03의 8번 핀, ③ D03의 1번 핀
④ D03의 4번 핀, ⑤ D03의 5번 핀

(   ) (   ) (   )

05. 위의 전기회로도에서 RIGHT측 사이드 미러를 위쪽(UP)으로 동작시키려고 할 때 전류가 흐르는 배선의 색깔을 모두 찾아 (   )안에 색깔 이름과 기호를 함께 적으시오.

배선 색	기호 명
노란 색	Y

06 파워 아웃사이드 미러 폴딩 제어

6.1 교재의 구성

[1] 내용소개

자동차 파워 아웃사이드 미러 폴딩의 고장진단 및 정비에 필요한 관련 지식과 그 목적을 달성하기 위한 기본적이 능력인 자동차 파워 아웃사이드 미러 폴딩 전기 회로도를 해독할 수 있도록 실습을 구성하였다. 여러 가지 해석문제와 실습을 통해 학생 스스로 흥미를 갖고 회로도의 해석에 자신감을 갖을 수 있도록 한다. 학습 후 학생 스스로 자신의 학습능력을 검토할 수 있도록 하였다.

[2] 학습목표

여러 가지 종류의 자동차 파워 아웃사이드 미러 폴딩장치를 고장진단하고 정비하는데 필요한 여러 차종의 파워 아웃사이드 미러 폴딩 전기 회로도를 설명할 수 있다.

[3] 선수학습모듈

자동차 전기 부품 및 전자장치에 대한 구조 및 작동원리에 대한 기초적인 지식을 타 교과에서 이수하도록 한다.

6.2 일반 차량의 파워 아웃사이드 미러 폴딩 제어 회로실습

[1] 주요어

파워 아웃사이드 미러 폴딩, 다기능 스위치, 스티어링 휠, 파워 아웃사이드 미러 폴딩 컨트롤 모듈

[2] 개요

자동차 파워 아웃사이드 미러 폴딩장치의 고장진단 및 정비에 필요한 관련 지식과 그 목적을 달성하기 위한 기본적이 능력인 자동차 파워 아웃사이드 미러 폴딩 전기 회로도를 해독할 수 있도록 실습을 구성하였다. 여러 가지 해석문제와 실습을 통해

학생 스스로 흥미를 갖고 회로도의 해석에 자신감을 갖을 수 있도록 한다. 학습 후 학생 스스로 자신의 학습능력을 검토할 수 있도록 하였다.

[3] 학습목표

여러 가지 종류의 자동차 파워 아웃사이드 미러 폴딩장치를 고장진단하고 정비하는데 필요한 여러 차종의 파워 아웃사이드 미러 폴딩 전기 회로도를 설명할 수 있다.

QUESTION 01

다음 회로도를 보고 사이드 미러를 격납(folding)시키려고 할 때 전류의 흐름을 전원부터 접지까지 회로도 위에 표시하시오.

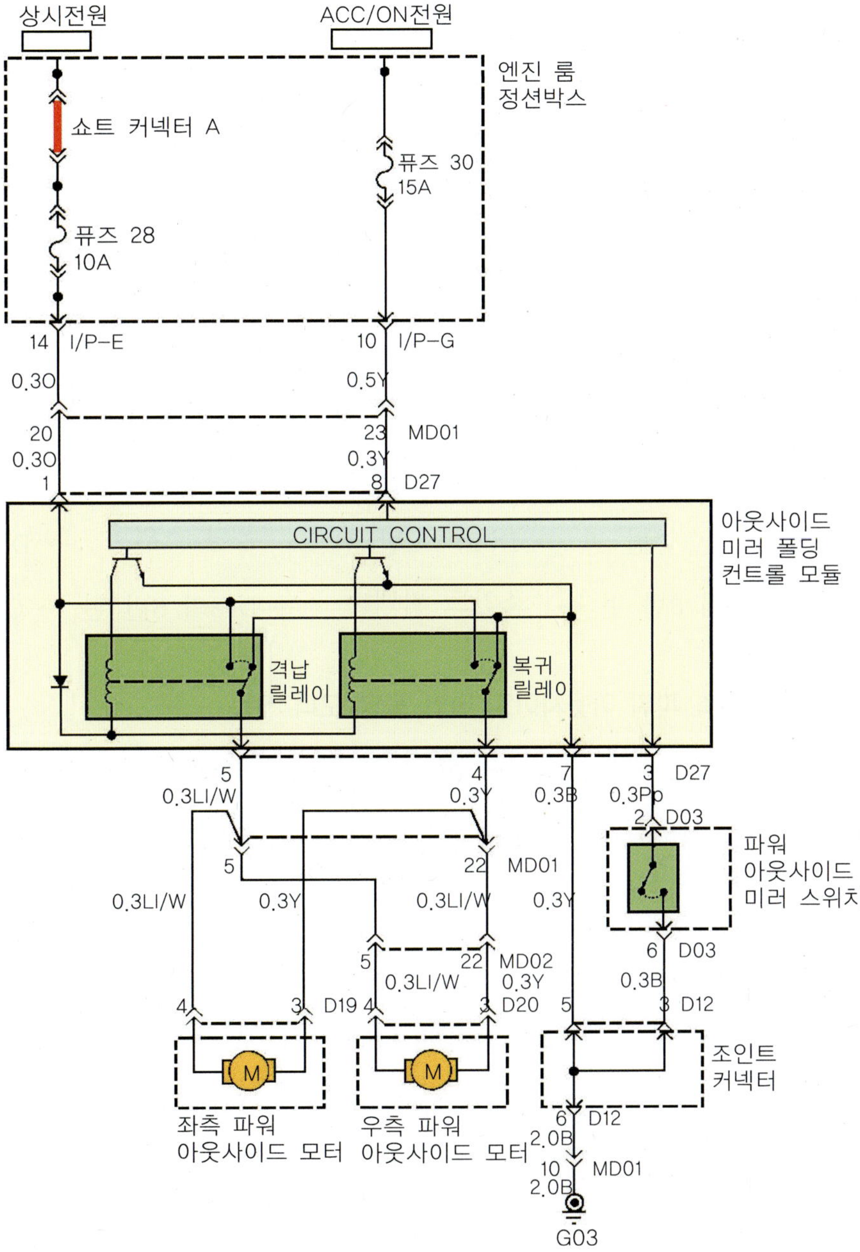

QUESTION 02

전류 흐름도를 보고 다음 물음에 답하시오.

01. 회로도를 보고 사이드 미러를 격납(folding)시키려고 할 때 회로도상의 전류가 흐르는 요소들을 잘 보고 (　　　)를 채우시오.

[1] 전원공급

ACC/ON전원 → 실내 정션박스 퓨즈 30번 → I/P-G의 10번 핀 → D27의 (　)번 핀 → 아웃사이드 미러 폴딩 컨트롤 모듈 CIRCUIT CONTROL

[2] 폴딩 스위치를 ON시켜서 격납릴레이 동작

상시전원 → 실내 정션박스 퓨즈 28번 → I/P-E의 14번 핀 → D27의 1번 핀 → CIRCUIT CONTROL 격납 릴레이 → 제어 트랜지스터 → D27의 (　)번 핀 → D03의 2번 핀 → 폴딩 스위치 → D03의 6번 핀 → D12의 3번 핀 → 조인트 커넥터 → D12의 6번 핀 → G03 접지

[3] 좌측, 우측 파워 아웃사이드 미러 폴딩 모터 작동

상시전원 → 실내 정션박스 퓨즈 28번 → I/P-E의 14번 핀 → D27의 1번 핀 → 아웃사이드 미러 폴딩 컨트롤 모듈 → D27의 5번 핀 ┬→ D19의 4번 핀 →
└→ D20의 4번 핀

[4] 좌측 파워 아웃사이드 미러 폴딩 모터 작동

D19의 4번 핀 → 좌측 사이드 미러 폴딩 모터 → D19의 3번 핀 → D27의 4번 핀 → CIRCUIT CONTROL 복귀 릴레이 → D27의 7번 핀 → D12의 5번 핀 → 조인트 커넥터 → D12의 6번 핀 → G03 접지

[5] 우측 파워 아웃사이드 미러 폴딩 모터 작동

D20의 4번 핀 → 우측 사이드 미러 폴딩 모터 → D20의 3번 핀 → D27의 4번 핀 → CIRCUIT CONTROL 복귀 릴레이 → D27의 7번 핀 → D12의 5번 핀 → 조인트 커넥터 → D12의 6번 핀 → G03 접지

02. 전기 회로도에서 사이드 미러를 복귀시키려고 할 때 접지와 연결시키는 단자 2개는 아웃사이드 미러 폴딩 컨트롤 모듈에서 D27 커넥터의 몇 번 단자인가 ?
( ), ( )

03. 위의 전기회로도에서 폴딩 스위치 입력선과 접지선의 배선의 색깔을 찾아 ( )안에 색깔 이름과 기호를 함께 적으시오.

(1) 입력선 ( )

(2) 접지선 ( )

07 파워시트 제어회로

7.1 교재의 구성

[1] 내용소개

자동차 파워시트의 고장진단 및 정비에 필요한 관련 지식과 그 목적을 달성하기 위한 기본적이 능력인 자동차 파워시트 전기 회로도를 해독할 수 있도록 실습을 구성하였다. 여러 가지 해석문제와 실습을 통해 학생 스스로 흥미를 갖고 회로도의 해석에 자신감을 갖을 수 있도록 한다. 학습 후 학생 스스로 자신의 학습능력을 검토할 수 있도록 하였다.

[2] 학습목표

여러 가지 종류의 자동차 파워시트장치를 고장 진단하고 정비하는데 필요한 여러 차종의 파워 시트 전기 회로도를 설명할 수 있다.

[3] 선수학습모듈

자동차 전기부품 및 전자장치에 대한 구조 및 작동원리에 대한 기초적인 지식을 타 교과에서 이수하도록 한다.

7.2 일반 차량의 파워시트 회로실습

[1] 주요어

파워 시트, 다기능 스위치, 스티어링 휠, 파워 시트 릴레이

[2] 개요

자동차 파워시트의 고장진단 및 정비에 필요한 관련 지식과 그 목적을 달성하기 위한 기본적이 능력인 자동차 파워시트 전기 회로도를 해독할 수 있도록 실습을 구성하였다. 여러 가지 해석문제와 실습을 통해 학생 스스로 흥미를 갖고 회로도의 해석에

자신감을 갖을 수 있도록 한다. 학습 후 학생 스스로 자신의 학습능력을 검토할 수 있도록 하였다.

[6] 학습목표

여러 가지 종류의 자동차 파워시트장치를 고장진단하고 정비하는데 필요한 여러 차종의 파워시트 전기 회로도를 설명할 수 있다.

QUESTION 01

다음 회로도와 TABLE을 보고 등받이(Reclining)를 뒤(Back)로 동작시키기 위해서 스위치를 작동시킬 때의 전류의 흐름을 상시전원부터 접지까지 회로도 위에 표시하시오.

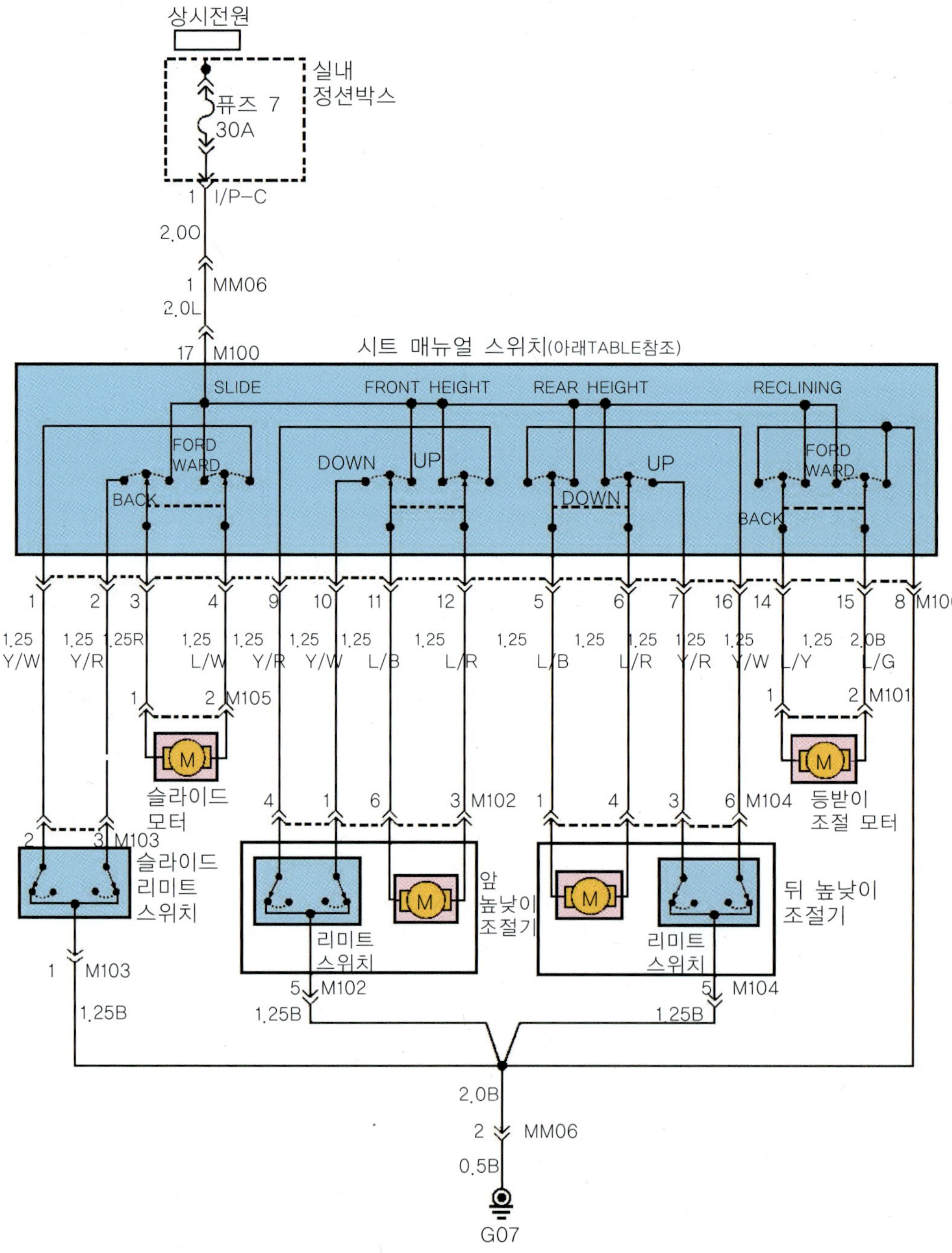

[표 2] TABLE

스위치 포지션 \ 터미널 NO.		8	7	6	5	4	3	2	1	17	16	15	14	13	12	11	10	9
Slide (슬라이드스위치)	Forward					○	─	─	○									
							○	─	─	○								
	Back						○	○										
						○	─	─	─	○								
Front height (앞 높낮이 스위치)	UP									○	─	─	─	─	─	○		
															○	─	─	○
	DOWN									○	─	─	─	─	○			
																○	○	
Rear height (뒤 높낮이 스위치)	UP				○	─	─	─	─	○								
			○	○														
	DOWN				○	─	─	─	─	─	○							
				○	─	─	─	─	─	○								
Reclining (등받이 스위치)	Forward	○	─	─	─	─	─	─	─	─	─	○						
										○	─	─	○					
	Back	○	─	─	─	─	─	─	─	─	─	─	○					
										○	─	○						

QUESTION 02

전류 흐름도를 보고 다음 물음에 답하시오.

01. 위의 TABLE을 잘 보고 빈 칸에 알맞은 핀 번호를 찾아 적으시오(M100 커넥터에서).

스위치	방향	전류 입력 핀 번호	모터 이름	전류 출력 핀 번호
슬라이드(Slide)	Forward	3	슬라이드 모터	4
	Back		슬라이드 모터	
앞 높낮이 (Front height)	Up		앞 높낮이 모터	
	Down		앞 높낮이 모터	
뒤 높낮이 (Rear height)	Up		뒤 높낮이 모터	
	Down		뒤 높낮이 모터	
등받이 (Reclining)	Forward		등받이 모터	
	Back		등받이 모터	

02. 회로도와 TABLE을 보고 앞 높낮이(FRONT HEIGHT) 스위치를 위(UP)쪽으로 작동시키려고 할 때 회로도 상의 전류가 흐르는 요소들을 잘 보고 2개의 (　)를 채우시오.

상시전원 → 실내 정션박스 퓨즈 7번 → I/P-C의 1번 핀 → M100의 17번 핀 → 시트 매뉴얼 스위치 FRONT HEIGHT → UP → M100의 (　　　)번 핀 → M102의 6번 핀 → 앞 높낮이 조절 모터 → M102의 3번 핀 → M100의 12번 핀 → 시트 매뉴얼 스위치 FRONT HEIGHT → UP → M100의 (　　　)번 핀 → M102의 4번 핀 → 앞 높낮이 조절기 리미트 스위치 → M102의 5번 핀 → G07 접지

03. 회로도와 TABLE을 보고 슬라이드(SLIDE) 스위치를 뒤(Back)쪽으로 작동시키려고 할 때 회로도 상의 전류가 흐르는 요소들을 잘 보고 2개의 (   )를 채우시오.

상시전원 → 실내 정션박스 퓨즈 7번 → I/P-C의 1번 핀 → M100의 17번 핀 → 시트 매뉴얼 스위치 SLIDE → BACK → M100의 4번 핀 → M105의 ( )번 핀 → 슬라이드 모터 → M105의 1번 핀 → M100의 3번 핀 → 시트 매뉴얼 스위치 SLIDE → BACK → M100의 2번 핀 → M103의 (   )번 핀 → 슬라이드 리미트 스위치 → M103의 1번 핀 → G07 접지

04. 위의 전기 회로도에서 리미트 스위치가 모두 6개가 있다. 이러한 리미트 스위치가 필요한 이유를 생각해보고 아래에 적으시오.

05. 위의 전기회로도에서 다음 동작에서 알맞은 배선의 색깔을 찾아 적으시오.

노랑색에 흰색 줄무늬, 노랑색에 빨강색 줄무늬, 파랑색에 흰색 줄무늬, 파랑색에 검정색 줄무늬, 파랑색에 빨강색 줄무늬, 파랑색에 노랑색 줄무늬, 파랑색에 초록색 줄무늬, 검정색, 오렌지색, 파랑색, 흰색, 갈색, 하늘색, 초록색, 검정색, 빨강색

[1] 슬라이드를 앞(Forward)으로 동작

(   ) (   ) (   ) (   ) (   ) (   )

[2] 앞 높낮이를 아래(Down)로 동작

(   ) (   ) (   ) (   ) (   ) (   )

[3] 뒤 높낮이를 위(Up)로 동작

(   ) (   ) (   ) (   ) (   ) (   )

[4] 등받이를 뒤(Back)로 동작

(   ) (   ) (   ) (   ) (   ) (   )

08 선루프 제어회로

8.1 교재의 구성

[1] 내용소개

자동차 선루프의 고장진단 및 정비에 필요한 관련 지식과 그 목적을 달성하기 위한 기본적이 능력인 자동차 선루프 전기회로도를 해독할 수 있도록 실습을 구성하였다. 여러가시 해석문제와 실습을 통해 학생 스스로 흥미를 갖고 회로도의 해석에 자신감을 갖을 수 있도록 한다. 학습 후 학생 스스로 자신의 학습능력을 검토할 수 있도록 히였다.

[2] 학습목표

여러 가지 종류의 자동차 선루프장치를 고장진단하고 정비하는데 필요한 여러 차종의 선루프 전기 회로도를 설명할 수 있다.

[3] 선수학습모듀

자동차 전기 부품 및 전자장치에 대한 구조 및 작동원리에 대한 기초적인 지식을 타 교과에서 이수하도록 한다.

8.2 일반 차량의 선루프 제어 회로실습

[1] 주요어

선루프, 다기능 스위치, 스티어링 휠, 선루프 릴레이

[2] 개요

자동차 선루프의 고장진단 및 정비에 필요한 관련 지식과 그 목적을 달성하기 위한 기본적이 능력인 자동차 선루프 전기회로도를 해독할 수 있도록 실습을 구성하였다. 여러 가지 해석문제와 실습을 통해 학생 스스로 흥미를 갖고 회로도의 해석에 자신감을 갖을 수 있도록 한다. 학습 후 학생 스스로 자신의 학습능력을 검토할 수 있도록 하였다.

[3] 학습목표

여러 가지 종류의 자동차 선루프장치를 고장 진단하고 정비하는데 필요한 여러 차종의 선루프 전기 회로도를 설명할 수 있다.

QUESTION 01

다음 회로도를 보고 선루프를 OPEN할 때의 전류의 흐름을 상시전원부터 접지까지 회로도 위에 표시하시오.

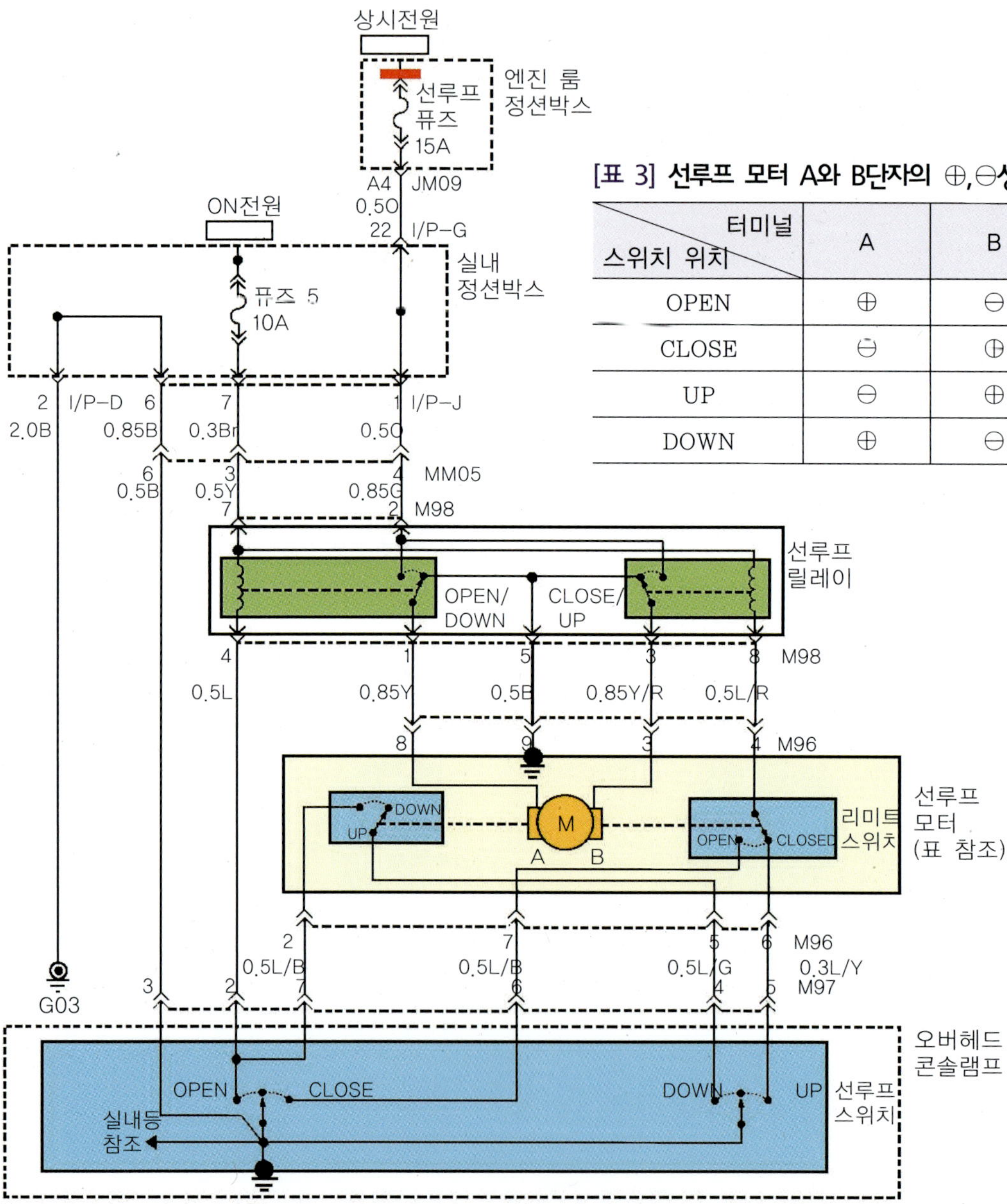

[표 3] 선루프 모터 A와 B단자의 ⊕,⊖상태

스위치 위치 \ 터미널	A	B
OPEN	⊕	⊖
CLOSE	⊖	⊕
UP	⊖	⊕
DOWN	⊕	⊖

QUESTION 02

전류 흐름도를 보고 다음 물음에 답하시오.

01. 선루프를 OPEN시킬 경우에 회로도상의 전류가 흐르는 요소들을 잘 보고 2개의 ( )를 채우시오.

[1] 오버헤드 콘솔램프의 OPEN 스위치 작동

ON전원 → 실내 정션박스 퓨즈 5번 → I/P-J의 7번 핀 → M98의 ( )번 핀 → 선루프 릴레이 OPEN/DOWN → M98의 4번 핀 → M97의 2번 핀 → 선루프 스위치 → OPEN → M97의 3번 핀 → I/P-J의 6번 핀 → 실내 정션박스 → I/P-D의 2번 핀 → G03 접지

[2] 선루프 OPEN 동작

상시전원 → 엔진룸 정션박스 선루프 퓨즈 → JM09의 A4번 핀 → I/P-G의 22번 핀 → 실내 정션박스 → I/P-J의 1번 핀 → M98의 2번 핀 → 선루프 릴레이 → OPEN → M98의 1번 핀 → M96의 8번 핀 → 선루프 모터 → M96의 ( )번 핀 → M98의 3번 핀 → 선루프 릴레이 CLOSE/UP → M98의 5번 핀 → M96의 9번 핀 → 선루프 모터 접지

02. 선루프를 UP시킬 경우에 회로도상의 전류가 흐르는 요소들을 잘 보고 2개의 ( )를 채우시오.

[1] 오버헤드 콘솔램프의 UP 스위치 작동

ON전원 → 실내 정션박스 퓨즈 5번 → I/P-J의 7번 핀 → M98의 7번 핀 → 선루프 릴레이 CLOSE/UP → M98의 8번 핀 → M96의 ( )번 핀 → 선루프 모터 리미트 스위치 CLOSE → M96의 6번 핀 → M97의

5번 핀 → 선루프 스위치 → UP → M97의 3번 핀 → I/P-J의 6번 핀 → 실내 정션박스 → I/P-D의 2번 핀 → G03 접지

[2] 선루프 UP 동작

상시전원 → 엔진룸 정션박스 선루프 퓨즈 → JM09의 A4번 핀 → I/P-G의 22번 핀 → 실내 정션박스 → I/P-J의 1번 핀 → M98의 2번 핀 → 선루프 릴레이 → UP → M98의 (　)번 핀 → M96의 3번 핀 → 선루프 모터 → M96의 8번 핀 → M98의 1번 핀 → 선루프 릴레이 OPEN/DOWN → M98의 5번 핀 → M96의 9번 핀 → 선루프 모터 접지

03. 다음 동작에서 리미트 스위치의 상태는 어느 것인지 빈칸에 알맞은 상태를 적으시오.

	OPEN/CLOSE 리미트 스위치	UP/DOWN 리미트 스위치
선루프가 조금이라도 OPEN 되어 있는 경우	OPEN	DOWN
선루프가 완전히 닫힌 경우	CLOSE	①
선루프가 조금이라도 UP되어 있는 경우	②	UP
선루프가 완전히 DOWN 된 경우	③	DOWN

04. 위의 전기회로도에서 선루프를 닫으려고(CLOSE) 할 때에 전류가 흐르는 배선의 색깔이 아닌 것을 다음에서 3가지를 찾아 (　)안에 적으시오.

노랑색, 파랑색에 흰색 줄무늬, 오렌지색, 파랑색에 빨강색 줄무늬, 노랑색에 빨강색 줄무늬, 파랑색, 초록색, 검정색, 파랑색에 검정색 줄무늬, 파랑색에 노랑색 줄무늬

(　　　　　　) (　　　　　　) (　　　　　　)

Chapter

04

시간 경보장치 제어

1. 간헐 와이퍼 제어
2. 워셔 연동 와이퍼 제어
3. 열선 타이머 제어
4. 감광식 실내등 제어
5. 파워 윈도우 타이머 제어
6. 키 회수 제어기능
7. 안전벨트 경고등 타이머 제어
8. 중앙 집중식 도어록 제어
9. 미등 자동 소등 제어
10. 오토 도어록 제어
11. 시동 키 홀 조명
12. 시동 키 탈거시 전도어 언록 제어
13. 충돌 감지 언록 제어
14. 도난 경보 제어

01 간헐 와이퍼(int wiper) 제어

1.1. 입·출력요소 제어

간헐 와이퍼(INT) 제어는 우천시 등에 사용하는 와이퍼의 제어기능으로서 비, 눈의 양이 적은 경우에 사용하는 것이다. 운전자는 적은 양의 비, 눈으로 인해 시야에 방해를 받게 되면 와이퍼를 1단 작동시킨다. 이 때 비의 양에 따라서 와이퍼 작동속도를 빠르게(fast) 또는 느리게(slow) 제어할 수 있다.

전장제어 ECU는 와이퍼스위치 신호(INT스위치)와 와이퍼 볼륨 스위치의 변화를 전압신호로 입력받아서 와이퍼 모터의 작동주기를 제어한다. 즉, 전장제어 ECU는 와이퍼 릴레이 코일을 접지시켜서 와이퍼 모터를 작동하는데 접지시간의 주기를 길게 또는 느리게 하여 와이퍼 작동속도를 제어하는 것이다. [그림 1]은 간헐 와이퍼 제어를 간략하게 나타낸 것이며 [표 1]은 간헐 와이퍼 제어의 입력요소와 출력요소의 전압변화를 나타낸 것이다.

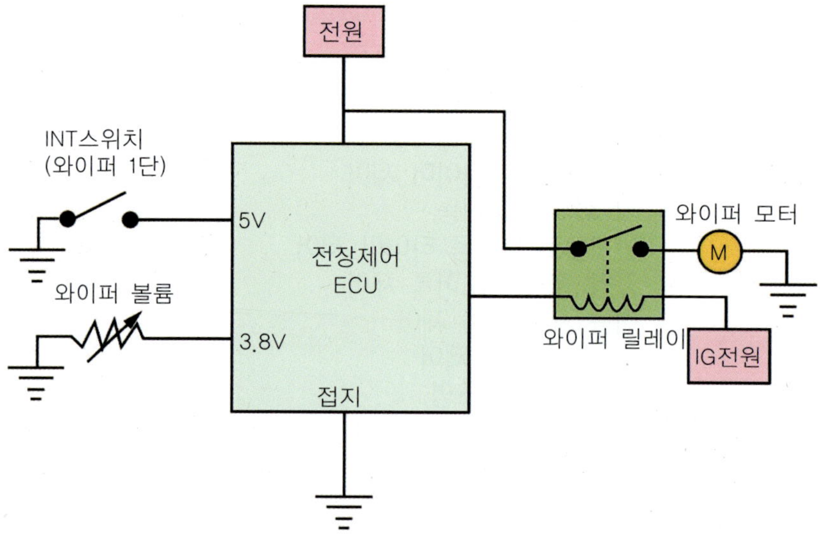

[그림 1] 간헐 와이퍼 제어의 개략도

[표 1] **간헐 와이퍼 제어의 입·출력전압**

입력요소	INT 스위치	OFF	ON
		5V	0V
	와이퍼볼륨 스위치	FAST	LOW
		0V	3.8V
출력요소	와이퍼 릴레이제어	모터 구동	모터 정지
		0V	12V

1.2. 타임차트

시동키를 ON시킨 상태에서 INT스위치를 ON시키면 0.6초(T1) 후에 와이퍼 출력이 ON된다. INT스위치를 OFF시킨 후 2.5~3.8초(T2) 후에 와이퍼 출력이 OFF로 된다. [그림 2]는 간헐 와이퍼 제어의 타임차트를 나타낸 것이다.

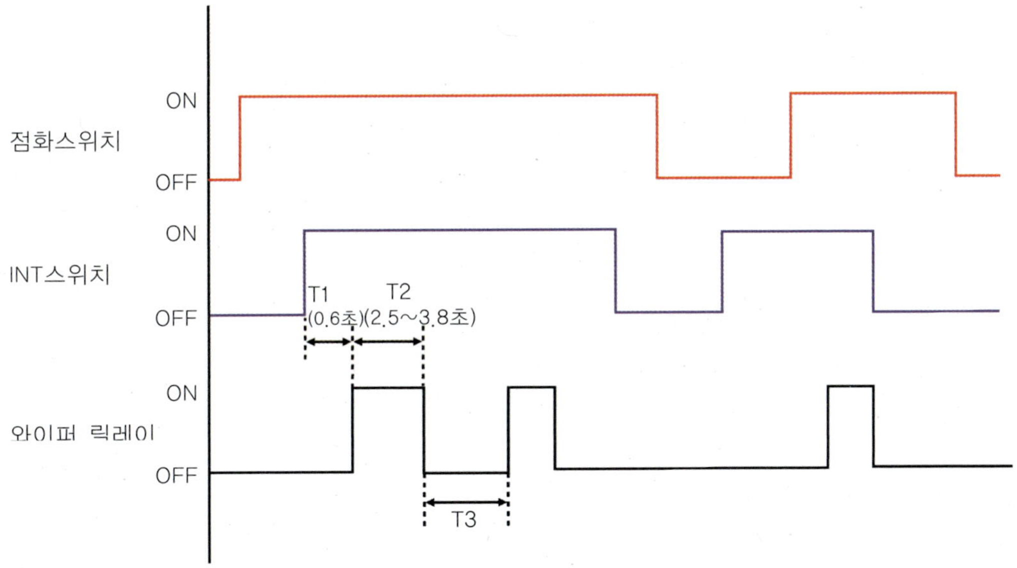

[그림 2] **간헐 와이퍼 제어의 타임차트**

1.3. 차종별 제어시간

[표 2]는 간헐 와이퍼 제어의 차종별 제어시간을 나타낸 것으로 차종에 관계없이 거의 동일하게 설정되어 있는 것을 알 수 있다.

[표 2] **간헐 와이퍼 제어의 차종별 제어시간**

차 종	제어시간(T1, T2)	제어 특징
베르나, 아반테 XD, EF 소나타, 그랜저 XG, 트라제 XG, 산타페, 에쿠스	T1 : 0.3초(MAX) T2 : 0.7초 T3 : 1.5±0.5초~11±1초	INT볼륨저항 (SLOW : 50kΩ, FAST : 0kΩ)

QUESTION 01

[1] 사이드브레이크를 올리고 변속레버를 "P"상태에 놓는다(수동변속기는 중립위치).
[2] 시동키를 돌려서 ON상태에 놓는다(단, 시동은 걸지 않는다).
[3] 와이퍼 스위치를 1단(INT 위치)에 놓는다.
[4] 레인센서 장착차량의 경우 스위치를 Auto에 놓고 앞 유리창에 물을 뿌린다.
[5] 타임 인터벌 제어 스위치(KNOB)를 FAST 1단에 놓는다.
[6] 와이퍼의 1회 작동시간을 측정한다.
[7] 타임 인터벌 스위치를 fast 2단, 3단, 4단에 각각 놓는다.
[8] 와이퍼 1회 작동시간을 각각 측정한다.
[9] 측정결과를 기록한다.
[10] 타임 인터벌 제어 스위치(KNOB)를 SLOW에 놓는다.
[11] 와이퍼의 1회 작동시간을 측정하고 결과를 표에 기록한다.

[실습결과]

SLOW 시	FAST 1단	FAST 2단	FAST 3단	FAST 4단
초	초	초	초	초

QUESTION 02

[1] 시동키를 OFF시킨다.
[2] 와이퍼 스위치를 1단(INT 위치)에 놓는다.
[3] 와이퍼는 작동하는가? 작동하지 않는 이유는 무엇인가? 표에 적으시오(엔진 시동 회로도 및 와이퍼 회로도를 참조하여 답하시오).

[실습결과]

와이퍼가 작동하지 않는 이유	

02 워셔 연동 와이퍼 제어

2.1 입·출력요소

운전 중에 앞 유리에 성애, 먼지 등으로 시야가 불투명할 때 운전자는 워셔 스위치를 작동시켜 앞 유리에 워셔액을 분출시킨다. 이 때 와이퍼가 자동으로 앞 유리를 약 2~3회 왕복 세척 후 정지한다. 이것은 운전자가 핸들 우측에 있는 워셔 스위치를 작동시키면 전장제어 ECU는 워셔 스위치 신호를 입력받아서 와이퍼 모터 릴레이를 구동시키게 된다. 이렇세 되면 와이퍼 릴레이와 연결된 와이퍼 모터에 전류가 공급되고 와이퍼 모터가 회전하여 와이퍼가 작동하게 되는 것이다. 또한 워셔 스위치가 OFF되면 전장제어 ECU는 일정시간 후 와이퍼 릴레이를 정지시켜서 와이퍼를 멈추도록 제어하는 것이다.

[그림 3]은 워셔 연동 와이퍼 제어를 간략하게 나타낸 것이며 [표 3]은 간헐 와이퍼 제어의 입력요소와 출력요소의 전압변화를 나타낸 것이다.

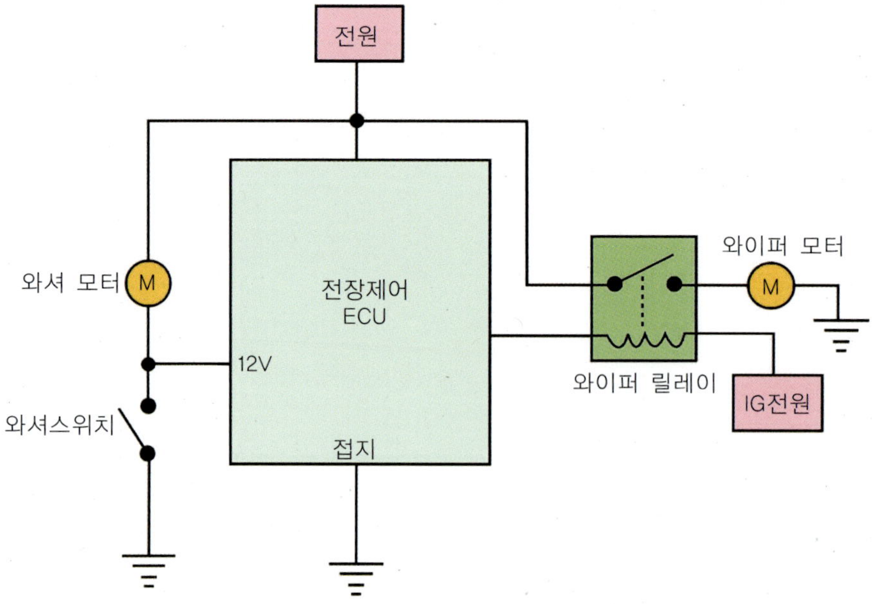

[그림 3] 워셔 연동 와이퍼 제어의 개략도

[표 3] **워셔 연동 와이퍼 제어의 입·출력 전압**

입력요소	워셔 스위치	OFF	ON
		12V	0V
출력요소	와이퍼 릴레이	모터 구동	모터 정지
		0V	12V

2.2 타임차트

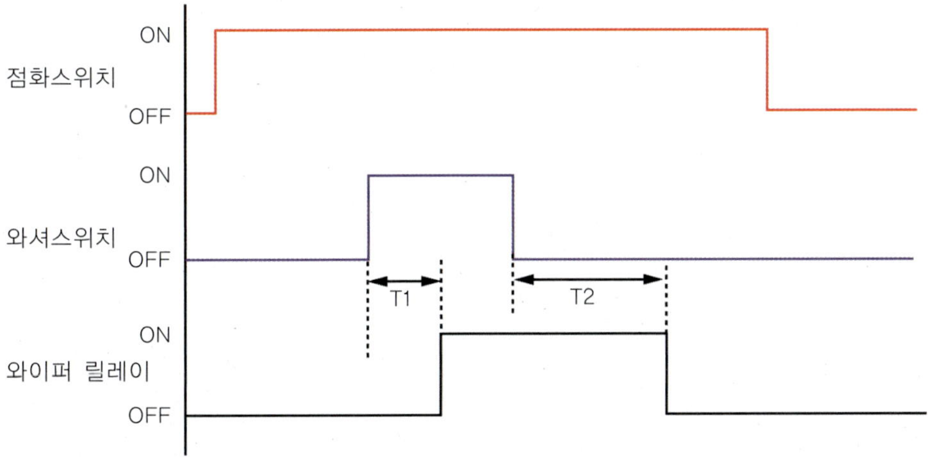

[그림 4] **워셔 연동 와이퍼 제어의 타임차트**

2.3 차종별 제어시간

[표 4]는 워셔 연동 와이퍼 제어의 차종별 제어시간을 나타낸 것이다. 차종에 따라서 T2시간에 차이가 있는 것을 알 수 있다.

[표 4] **워셔 연동 와이퍼 제어의 차종별 제어시간**

차 종	제어시간(T1, T2)	제어 특징
베르나	T1 : 0.6±0.1초 T2 : 2~3초	
아반테 XD, EF 소나타, 그랜저 XG, 트라제 XG, 산타페, 에쿠스	T1 : 0.6±0.1초 T2 : 2.5~3.8초	

QUESTION 01

[1] 사이드브레이크를 올리고 변속레버를 "P"상태에 놓는다(수동변속기는 중립위치).
[2] 시동키를 돌려서 ON상태에 놓는다.
[3] 와이퍼 스위치를 OFF상태에 놓는다.
[4] 워셔 스위치를 약 5초 이상 당겨서 윈도우 워셔액이 분출되도록 한다.
[5] 워셔 스위치를 OFF한 후 와이퍼 작동시간과 왕복 회수를 측정한다.
[6] 측정결과를 표에 기록한다.

[실습결과]

작동시간	작동 회수
초	회

[7] 와이퍼 스위치를 작동시키지 않았는데도 와이퍼가 일정 시간동안 작동하였다. 무엇이 와이퍼를 작동시켰는가?

[실습결과]

와이퍼를 작동 시킨 것은?	

03 열선 타이머 제어

3.1 입·출력요소

성애, 눈 등으로 뒤 유리, 사이드미러의 시야가 불투명하게 되면 운전에 어려움을 겪게 된다. 이때 운전자는 뒷유리 열선 스위치를 눌러서 뒤 유리, 사이드 미러의 성애, 눈 등을 제거시키게 된다. 만약 운전자가 열선 스위치를 OFF시키지 않아도 자동으로 약 15분 후에는 열선스위치는 꺼지고 열선 동작은 정지하게 된다.

이것은 전류 소모량이 큰 열선이 오랜 시간 동안 작동하게 되면 자동차 배터리의 전류 소모량이 과도하게 증가하게 되어 배터리가 방전될 수 있기 때문에 이를 방지하기 위하여 운전자가 스위치를 끄지 않아도 자동으로 열선동작을 정지시키는 제어이다.

[그림 5]는 열선 타이머 제어의 개략도이며 [표 5]는 열선 타이머 제어의 입·출력 전압을 나타낸 것이다. 열선 스위치가 ON되면 전장제어 ECU는 발전기 L단자의 전압을 검출하여 차량의 시동이 걸려있는지 확인한다.

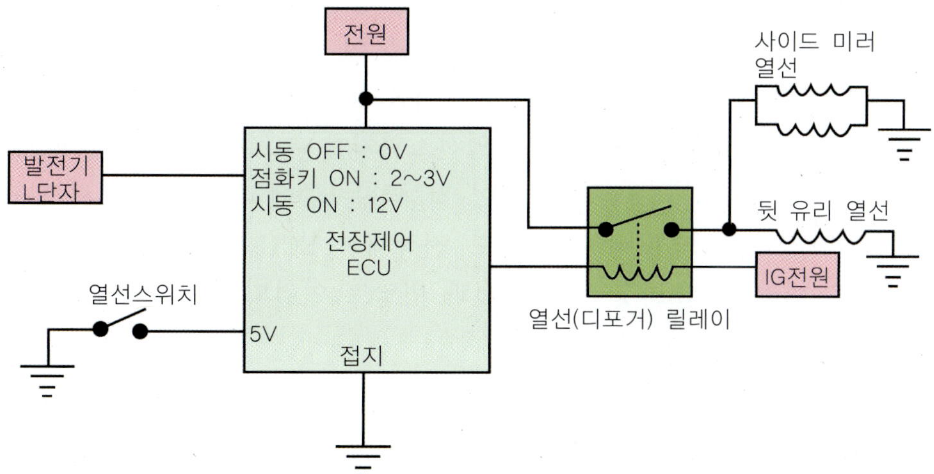

[그림 5] 열선 타이머 제어의 개략도

[표 5] **열선 타이머 제어의 입·출력전압**

입력요소	발전기 L단자	시동키 OFF	시동키 ON	시동 시
		0V	2~3V	12V
	열선 스위치	OFF	ON	
		5V	0V	
출력요소	열선 릴레이	열선 작동	열선 해제	
		0V	12V	

시동이 걸려 있으면 열선릴레이를 동작시켜 뒤 유리와 사이드미러의 열선을 작동시키고 만약 시동이 걸려 있지 않으면 열선은 작동하지 않는다. 이것은 차량 배터리의 급속한 방전을 막기 위한 것이다.

열선 스위치가 ON된 후 15분 이내에 운전자가 열선 스위치를 OFF시키지 않으면 전장제어 ECU는 자동으로 열선 릴레이를 OFF시켜서 열선 동작을 중지시키고 배터리를 보호하는 제어를 한다.

3.2 타임차트

차량의 시동이 걸려서 발전기 L단자에서 12V가 출력이 되면 이 신호를 입력받은 전장제어 ECU는 차량의 시동이 걸렸다고 인정하고 이 상태에서 운전자가 열선 스위치를 한번 누르면 열선 릴레이를 작동시켜서 열선을 15분(T1)간 작동시킨다.

열선이 작동하는 중에 운전자가 다시 열선스위치를 누르면 전장제어 ECU는 열선 릴레이 출력을 즉시 멈춘다. 그리고 열선이 작동하는 중에 시동이 꺼져서 발전기 L단자의 출력이 OFF상태로 되면 이 경우에도 전장제어 ECU는 열선 출력을 즉시 멈춘다. 또한 사이드 미러 열선도 뒷 유리 열선과 병렬로 연결되어 동일하게 작동한다.

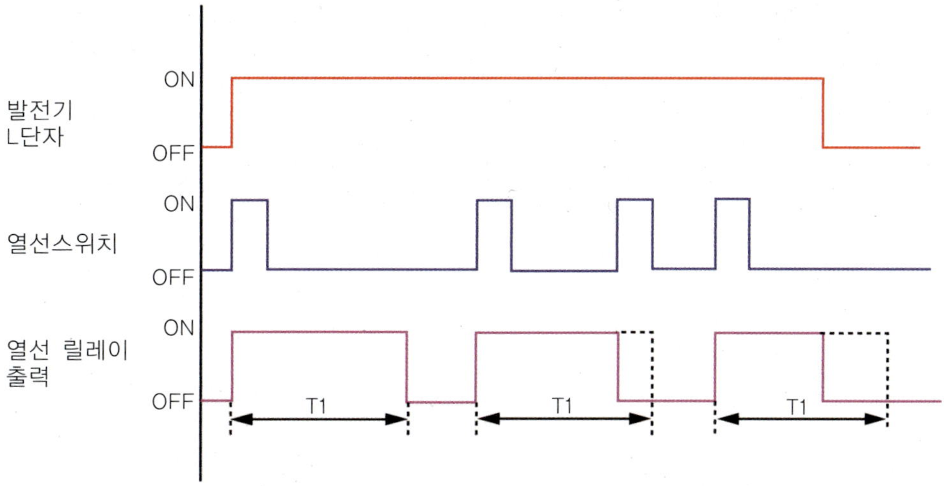

[그림 6] **열선 타이머 제어의 타임차트**

3.3 차종별 제어시간

[표 6]은 열선 타이머 제어의 차종별 제어시간을 나타낸 것이다. 베르나 그랜저XG는 열선 타이머 제어시간이 15분으로 되어 있고 그 외의 차종은 20분으로 설정되어 있다.

[표 6] **열선 타이머 제어의 차종별 제어시간**

차 종	제어시간(T1)	특 징
베르나, 그랜져 XG, 에쿠스	T1 : 15분±1분	
아반테 XD, EF 소나타, 트라제 XG, 산타페	T1 : 20분±1분	

QUESTION 01

[1] 사이드브레이크를 올리고 변속레버를 "P"상태에 놓는다(수동변속기는 중립위치).
[2] 자동차의 브레이크를 밟은 후 시동키를 돌려서 자동차 시동을 건다.
[3] 열선 스위치를 누른다.
[4] 열선 작동 등이 점등되는지 확인한다.
[5] 열선 시작시간과 자동 종료시간을 측정하여 작동시간을 계산한다.
[6] 측정결과를 표에 기록한다.

[실습결과]

작동 시간	분

QUESTION 02

[1] 시동키를 OFF시켜서 자동차 시동을 끈다.
[2] 시동키만 ON시키고 자동차 시동은 걸지 않는다.
[3] 열선을 스위치를 누른 후 열선 작동 등 점등을 확인한다.
[4] 만약 열선이 작동이 안 된다면 그 이유는 무엇인가?
[5] 결과를 표에 기록한다.

[실습결과]

시동을 끈 후 열선 작동 여부	작 동	비작동
이유		

04 감광식 실내등 제어

4.1 입 · 출력요소

야간에 차량에 승차하기 위해서 차량 문을 열었을 때 실내가 어두우면 여러 가지로 불편하게 된다. 이런 문제로 인하여 전장제어 ECU가 문이 열리면 차내의 실내등이 자동으로 점등되도록 하여 승하차 시에 도움을 주도록 제어하고 있다. 그리고 문을 닫더라도 바로 실내등이 꺼지는 것이 아니라 시동 및 출발준비를 할 수 있도록 실내등을 수 초 동안 점등시켜 준 후 서서히 소등한다. 이 실내등 제어를 위해서 룸램프는 "DOOR" 위치로 스위치를 설정해야 한다.

[그림 7]은 감광식 실내등 제어의 개략도이며 [표 7]은 감광식 실내등 제어의 입·출력전압을 나타낸 것이다.

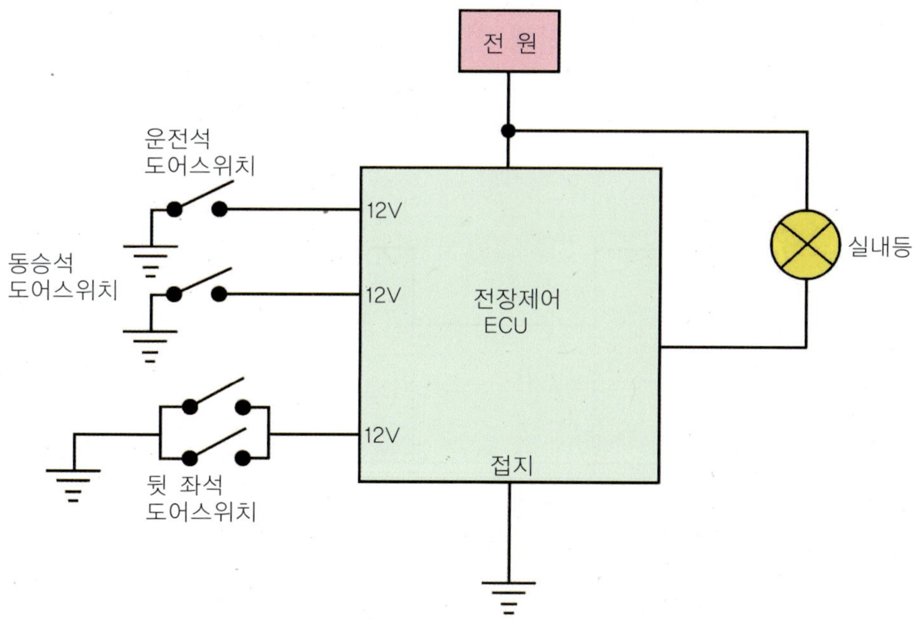

[그림 7] 감광식 실내등 제어의 개략도

전장제어 ECU는 운전석 도어스위치 신호, 동승석 도어스위치 신호, 2개의 뒷좌석 도어스위치 신호를 각각 입력받아서 각 도어의 개폐에 따라 실내등을 제어한다.

[표 7] 감광식 실내등 제어의 입·출력전압

입력요소	전 도어 스위치	도어 열림	도어 닫힘
		0V	12V
출력요소	실내등	점등	소등
		0V	12V

4.2 타임차트

운전자가 차량의 도어를 열면 도어스위치는 ON으로 되고 전장제어 ECU는 실내등은 점등한다. 도어를 닫으면 도어 스위치는 OFF로 되고 실내등은 75% 감광 후 서서히 감광하여 5~6초(T1) 후에 완전히 소등한다. 또한 감광 동작 중에 도어를 열어서 도어스위치가 다시 ON으로 되면 전장제어 ECU는 즉시 실내등을 다시 점등한다.

그러나 도어 스위치 ON시간이 0.1초 이하인 경우에는 감광 동작을 하지 않는다. 또한 감광 동작 중에 시동을 걸기 위해 시동키를 ON하면 즉시 감광 동작을 멈추고 실내등을 소등시킨다. 이것은 운전 시에 실내등으로 인해 방해되지 않기 위한 것이다. 물론 실내등 제어에서 입력되는 도어 스위치는 모든 도어 스위치이다.

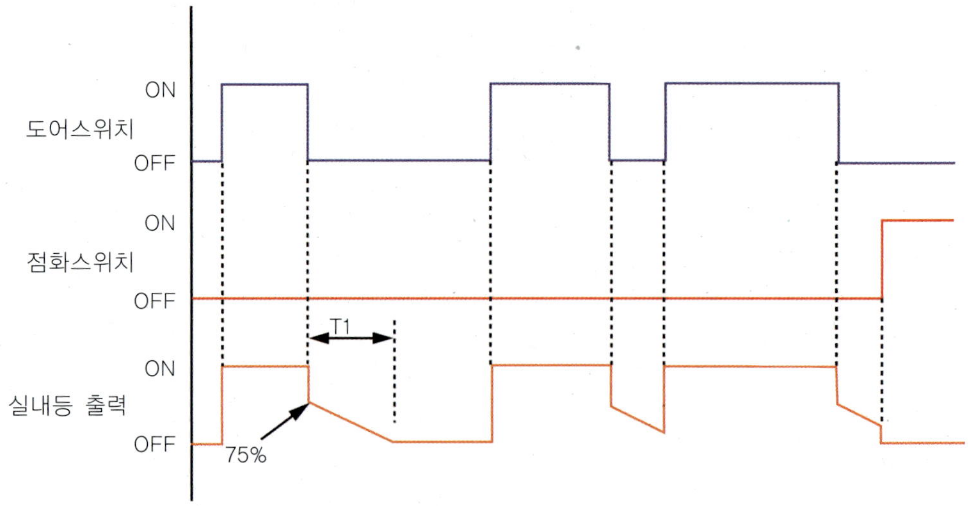

[그림 8] 감광식 실내등 제어의 타임차트

4.3 차종별 제어시간

[표 8]은 감광식 실내등 제어의 차종별 제어시간을 나타낸 것이다. 대부분의 차량이 약 5.5초 동안 실내등이 제어를 하고 있다. 단, 산타페는 리모컨 언록 신호 입력 시 약 30초 동안 실내등 점등 후에 소등한다.

[표 8] **감광식 실내등 제어의 차종별 제어시간**

차 종	제어시간(T1)	특 징
베르나, 아반테 XD EF 소나타, 그랜저 XG, 트라제 XG, 산타페, 에쿠스	T1 : 5.5초±0.5초	산타페는 리모컨 언록 신호 입력시 30초 동안 실내등 점등 후 소등함

QUESTION 01

[1] 자동차 천장의 룸램프 스위치를 DOOR에 위치시킨다.
[2] 사이드브레이크를 올리고 변속레버를 "P"상태에 놓는다(수동변속기는 중립위치).
[3] 자동차 시동키를 OFF시킨다.
[4] 자동차의 운전석 도어를 열었다가 닫는다.
[5] 룸램프 등의 밝기가 서서히 줄어들면서 소등되는지 확인한다.
[6] 도어를 닫은 후 완전히 소등되는데 소요되는 시간을 측정한다.
[7] 측정결과를 아래 표에 기록한다.

[실습결과]

룸램프 완전 소등시간	시동 OFF상태에서 감광식 룸램프 동작	
초	작동	비작동

[8] 자동차 시동키를 ON시킨다(자동차 시동은 걸지 않는다).
[9] 자동차의 운전석 도어를 열었다가 닫는다.
[10] 룸램프 등의 밝기가 서서히 줄어들면서 소등되는지 확인한다.

[11] 도어를 닫은 후 완전히 소등되는데 소요되는 시간을 측정한다.

[12] 측정결과를 아래 표에 기록한다.

[실습결과]

룸램프 완전 소등시간	시동 ON상태에서 감광식 룸램프 동작	
초	작동	비작동

QUESTION 02

[1] 자동차 시동키를 OFF시킨다.

[2] 자동차의 동승석을 포함한 나머지 3개 도어를 열었다가 닫으면서 룸램프 제어 작동 여부를 확인한다.

[3] 감광식 룸램프가 동작하는 중간에 시동키를 ON시킨다.

[4] 감광식 룸램프 작동 여부를 확인한다.

[실습결과]

동승석, 뒷도어의 룸램프 제어 여부		시동 ON상태에서 감광식 룸램프	
작동	비작동	작동	비작동

05 파워 윈도우 타이머 제어

5.1 입·출력요소

운전자가 차량의 시동을 끈 후에 차량을 살펴보니 창문이 내려져 있었다. 이러한 경우에 창문을 올리기 위해서는 다시 시동키를 삽입하고 시동을 건 후에 창문을 올려야 창문이 올라가도록 되어있다. 이러한 불편을 피하기 위해서 시동을 끄고 키를 뺀 후에도 일정시간(약 30초)동안만 파워 윈도우 모터에 전원을 공급시켜서 내려져 있는 윈도우를 다시 올릴 수 있도록 제어하는 것이 파워 윈도우 타이머 제어이다.

시동키가 ON되면 전장제어 ECU는 파워 윈도우 릴레이를 작동시켜서 파워윈도우 메인 스위치로 전원을 공급한다. 즉 파워 윈도우가 작동하게 된다. 시동키가 OFF된 후에도 약 30초 동안은 릴레이를 제어하여 파워 윈도우 메인 스위치에 전원을 공급하도록 하고 그 후에는 릴레이를 OFF시킨다.

[그림 9]는 파워 윈도우 타이머 제어의 개략도이며 [표 9]는 파워 윈도우 타이머 제어의 입·출력전압을 나타낸 것이다.

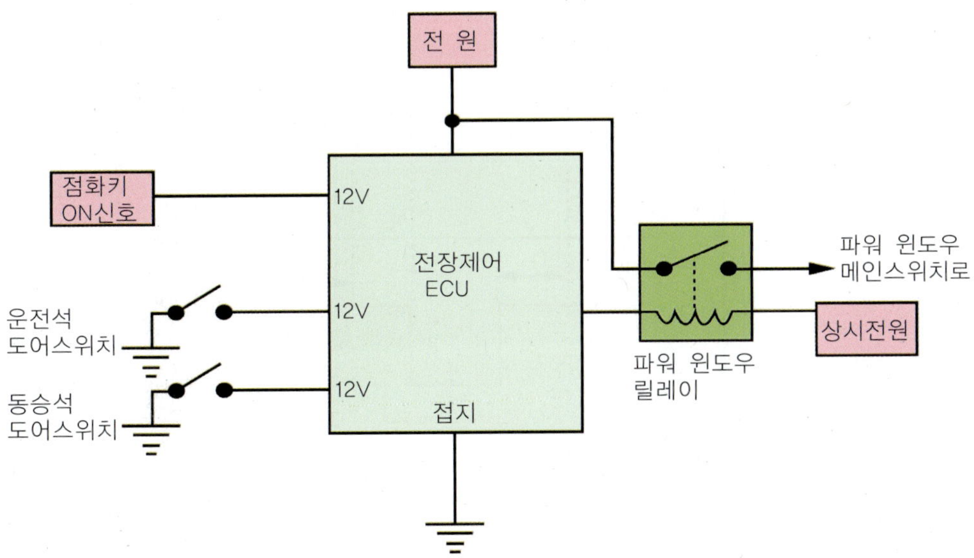

[그림 9] **파워 윈도우 타이머 제어의 개략도**

[표 9] **파워 윈도우 타이머 제어의 입·출력전압**

<table>
<tr><td rowspan="5">입력요소</td><td rowspan="2">시동 키</td><td>OFF</td><td>ON</td></tr>
<tr><td>0V</td><td>12V</td></tr>
<tr><td></td><td>도어 열림</td><td>도어 닫힘</td></tr>
<tr><td>운전석 도어 스위치</td><td rowspan="2">0V</td><td rowspan="2">12V</td></tr>
<tr><td>동승석 도어 스위치</td></tr>
<tr><td rowspan="2">출력요소</td><td rowspan="2">파워윈도우릴레이</td><td>작동</td><td>비작동</td></tr>
<tr><td>0V</td><td>12V</td></tr>
</table>

차량의 종류에 따라서 도어가 열리면 그 즉시로 파워 윈도우 타이머 제어를 종료하기도 한다. 즉 도어가 열려 있는 상태에서는 시동키를 ON시켰을 때만 파워 윈도우에 전원을 공급하게 된다.

5.2 타임차트

운전자가 시동키를 ON시키면 파워 윈도우 출력이 ON되어 파워 윈도우가 동작된다. 운전자가 시동키를 OFF시켜서 시동을 정지시킨 후에도 약 30초 동안 파워 윈도우 출력을 유지시켜서 파워 윈도우가 작동하도록 제어한다.

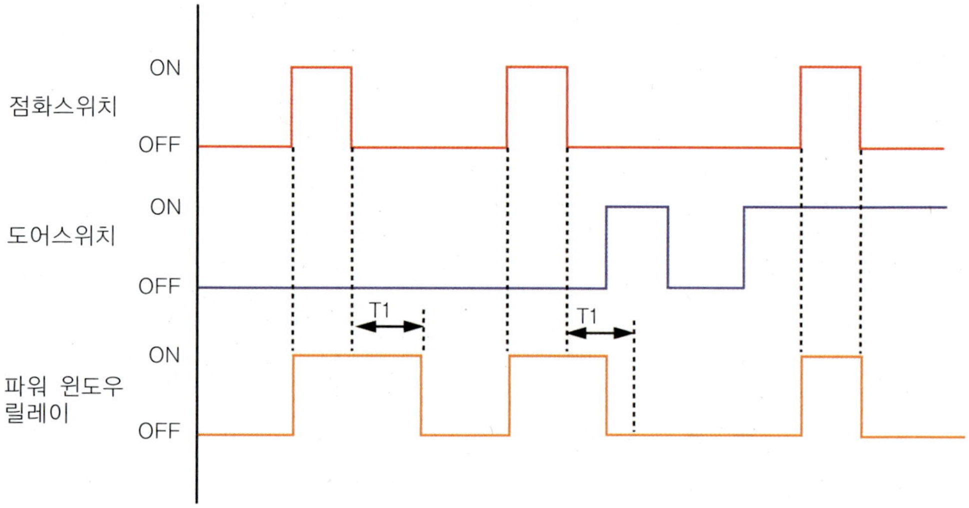

[그림 10] **파워 윈도우 타이머 제어의 타임차트**

만약 파워 윈도우 타이머 제어 중 운전석 또는 동승석 도어가 열리면 파워 윈도우 출력을 즉시로 OFF한다. 즉 운전석 또는 동승석이 열려 있는 상태에서는 파워 윈도우 타이머 제어기능이 작동하지 않고 시동키가 ON되어 있는 상태에서만 파워 윈도우가 동작하는 것이다.

5.3. 차종별 제어시간

[표 10]은 파워 윈도우 타이머 제어의 차종별 제어시간을 나타낸 것이다. 베르나 차량은 파워 윈도우 타이머 제어기능이 없으며 그 밖의 대부분의 차량에서는 약 30초 동안 파워 윈도우 타이어 기능이 동작한다.

[표 10] 파워 윈도우 타이머 제어의 차종별 제어시간

차 종	제어시간(T1)	특 징
베르나		기능 없음
아반테 XD, EF 소나타, 트라제 XG, 산타페, 에쿠스	T1 : 30초±3초	
그랜저 XG		리모컨에 의한 파워 윈도우 UP/DOWN 기능이 있음

또한 그랜져XG 차량의 경우에는 리모컨에 의한 파워 윈도우 제어기능이 있어서 리모컨 록 버튼을 1.5초 이상 ON하면 파워 윈도우 릴레이가 30초 동안 작동하며 창문을 올릴 수 있도록 도와준다. 또 리모컨 언록 버튼을 1.5초 이상 ON하면 파워 윈도우 릴레이가 30초 동안 작동하며 창문을 내릴 수 있도록 도와준다.

QUESTION 01

[1] 사이드브레이크를 올리고 변속레버를 "P"상태에 놓는다(수동변속기는 중립위치).
[2] 시동키를 돌려서 ON상태에 놓았다가 바로 OFF시킨다.
[3] 윈도우 작동 스위치를 눌러서 윈도우를 작동여부를 확인한다.
[4] 윈도우가 몇 초 동안 작동되는지 작동 가능시간을 측정한다.
[5] 측정결과를 표에 기록한다.

[실습결과]

시동키 탈거 시 파워 윈도우 출력시간	초

QUESTION 02

[1] 다시 시동키를 돌려서 ON상태에 놓았다가 바로 OFF시킨다.
[2] 윈도우 작동 스위치를 눌러서 윈도우를 작동여부를 확인한다.
[3] 윈도우를 작동시키는 도중에 자동차의 운전석 도어를 연다.
[4] 윈도우 작동 스위치를 눌러서 윈도우를 작동여부를 확인한다.
[5] 왜 도어를 열면 타이머 제어를 중단하게 만들었을까 ?
[6] 결과를 아래 표에 기록한다.

[실습결과]

도어를 열면 파워 윈도우 출력이 되는가?	작 동	비작동
이유		

[7] 위의 실험을 동승석과 뒤 도어에 대해서도 동일하게 실시한다.
[8] 어떤 차이가 있는지 그 이유를 생각하여라.
[9] 그 결과를 아래 표에 기록한다.

[실습결과]

동승석	작동	비작동
뒤 도어(좌측)	작동	비작동
뒤 도어(우측)	작동	비작동
이 유		

06 키 회수 제어기능

6.1 입·출력요소

운전자가 차량의 키 박스에 키를 꽂아 둔 채로 문을 잠그게 되면 차량의 문을 열지 못하는 어려움을 겪게 된다. 이러한 상황이 발생하지 않도록 전장제어 ECU는 키 회수 제어를 수행한다. 이것은 키 박스에 키가 삽입되어 있고 운전석의 문이 열린 상태에서 도어 록을 시키면 전장제어 ECU는 바로 도어 언록 출력을 내어서 운전석 문이 잠기는 것을 방지하도록 한다.

[그림 11]은 키 회수 제어의 개략도이며, [표 11]은 키 회수 제어의 입·출력 전압을 나타낸 것이다.

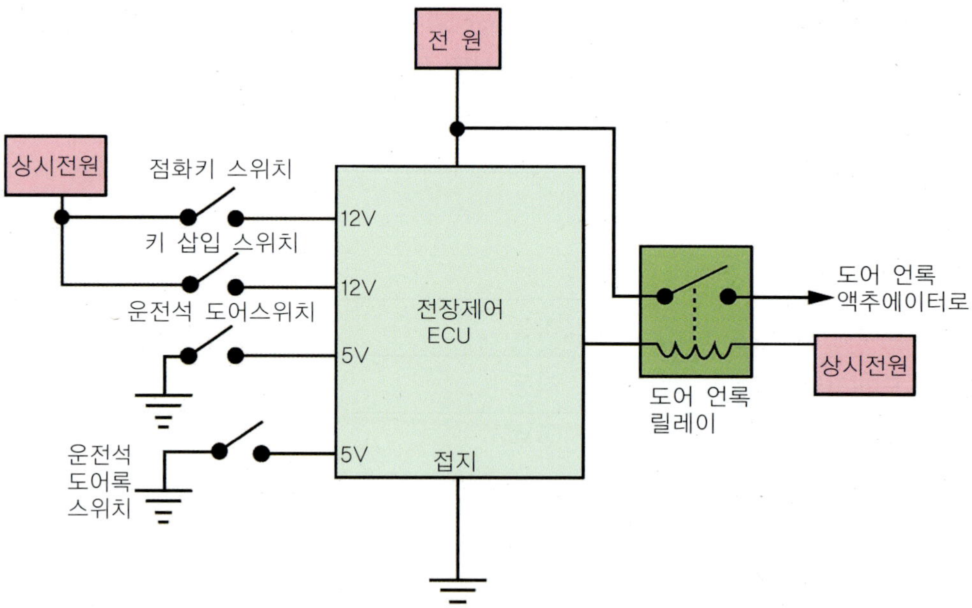

[그림 11] 키 회수 제어의 개략도

[표 11] **키 회수 제어의 입·출력전압**

구분	항목		
입력요소	키 삽입 스위치	탈거	삽입
		0V	12V
	운전석 도어 스위치	도어 열림	도어 닫힘
		0V	12V
	운전석 도어 록 스위치	도어 언록	도어 록
		0V	5V
출력요소	도어 언록 릴레이	작동	해제
		0V	12V

6.2. 타임차트

[그림 12]는 키 회수제어의 타임차트를 나타낸 것이다. 키가 삽입되어 있는 상태에서 운전석 도어스위치가 열리고 운전자가 운전석 도어록 스위치를 눌러서 운전석 도어를 록시키면 전장제어 ECU는 바로 도어 언록 릴레이를 작동시켜서 전체 도어를 언록시킨다.

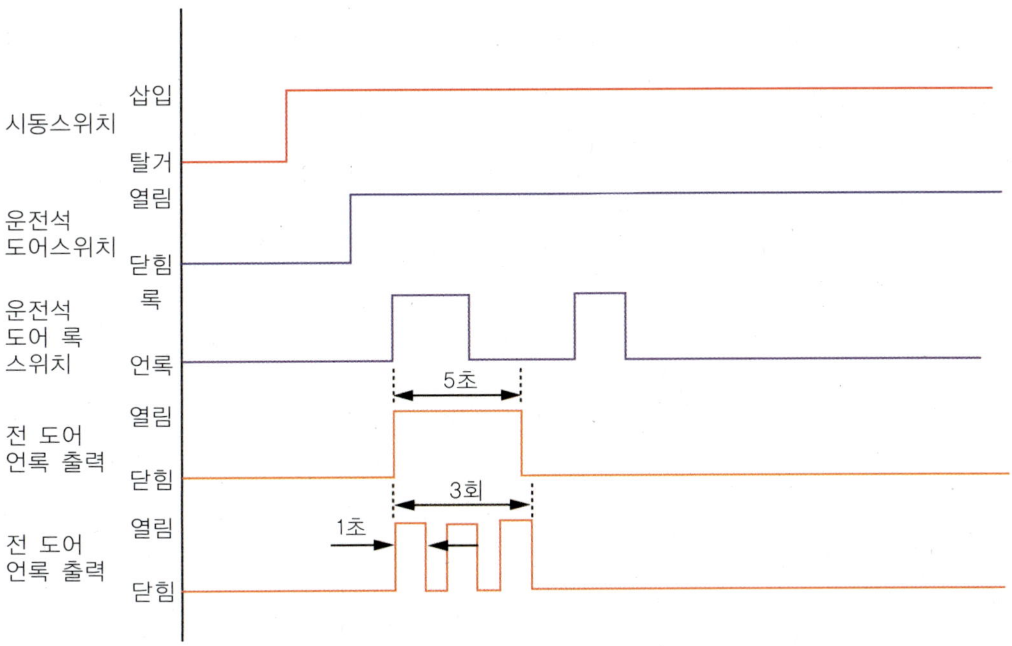

[그림 12] **키 회수 제어의 타임차트**

즉 키가 꽂혀 있는 상태에서 도어가 록되는 것을 방지하는 것이다. 이 동작은 1회만 작동하는 것이 아니고 차종에 따라서 수회 반복 실시한다.

6.3. 차종별 제어시간

아반테XD, EF소나타, 에쿠스는 도어를 언록시킨 후 계속 운전자가 도어 록 스위치를 누르면 3회까지 도어 언록 릴레이를 가동시킨 후 그 이후에는 제어동작을 수행하지 않는다. 그 외에 베르나, 그랜저XG, 트라제 XG, 산타페 등의 차량에서는 도어 언록시킨 후 계속 운전자가 도어 록 스위치를 누르면 약 5초 동안 언록 릴레이를 가동시킨 후 그 이후에는 제어동작을 수행하지 않는다.

이렇게 하는 것은 운전자가 제어시간 동안에 키를 꽂아둔 상태로 도어를 잠그려한 것은 충분히 알 수 있기 때문이다. 그 이후에 제어를 하지 않는 것은 운전자가 충분히 알고 있으면서도 의도적으로 문을 잠그려하기 때문에 제어하지 않는 것이다.

[표 12] **키 회수 제어의 차종별 제어시간**

차 종	제어시간(T1)	특 징
베르나 그랜저 XG 트라제 XG 산타페	1항에 해당	도어 언록 후 계속 록 감지 시 5초 동안 언록 출력
아반테 XD EF 소나타	2항에 해당	도어 언록 후 계속 록 감지 시 3회까지 언록 출력
에쿠스	2항에 해당	운전석 도어 모듈에서 도어 록 제어

QUESTION 01

[1] 사이드브레이크를 올리고 변속레버를 "P"상태에 놓는다(수동변속기는 중립위치).
[2] 시동키를 키 박스에 삽입해 놓고 빼지 않는다(키는 OFF상태).
[3] 운전석 도어를 열어 놓은 상태에서 도어의 록 스위치를 누른다.
[4] 도어가 록이 되는지 확인하고 결과를 표에 기록한다.

[실습결과]

운전석 도어를 OPEN 시	
록	언록

[5] 시동키를 키 박스에 삽입하고 운전석 도어를 열고서 도어 록 스위치를 누르자마자 바로 운전석 도어를 닫으면 언 록이 되는지 확인한다.
[6] 도어가 록이 되는지 확인하고 결과를 표에 기록한다.

[실습결과]

운전석 도어를 CLOSE 시	
록	언록

[7] 시동키를 박스에서 빼낸다.
[8] 운전석 도어를 열어 놓은 상태에서 도어의 록 스위치를 누른다.
[9] 도어가 록이 되는지 확인하고 결과를 표에 기록한다.

[실습결과]

시동 키를 빼낸 경우	
록	언록

QUESTION 02

[1] 동승석과 뒤 도어에 대해서도 위의 실험을 동일하게 실시한다.
[2] 언록 제어가 되는지 확인하고 결과를 표에 기록한다.
[3] 위와 같은 결과가 나온 이유를 생각하여 표에 기록한다.

[실습결과]

동승석	작동	비작동
뒤 도어(좌우측)	작동	비작동
이 유		

07 안전벨트 경고등 타이머 제어

7.1 입·출력요소

시동키가 OFF상태에서 ON으로 되면 전장제어 ECU는 운전자가 차량의 시동을 걸고 운전하려는 것으로 인식을 한 후 운전자에게 안전벨트 착용을 알리는 안전벨트 경고등이 점멸시킨다.

이 안전벨트 경고등 타이머 제어는 운전자가 안전벨트를 착용하는 것과 관계없이 약 6초 동안 안전벨트 경고등을 점멸시킨 후에 정지한다. 시동이 ON되어 있는 상태에서 안전벨트를 탈거하여도 안전벨트 경고등은 점멸하지 않는다. [그림 13]은 안전벨트 경고등 제어의 개략도이며 [표 13]은 안전벨트 경고등 제어의 입·출력전압을 나타낸 것이다.

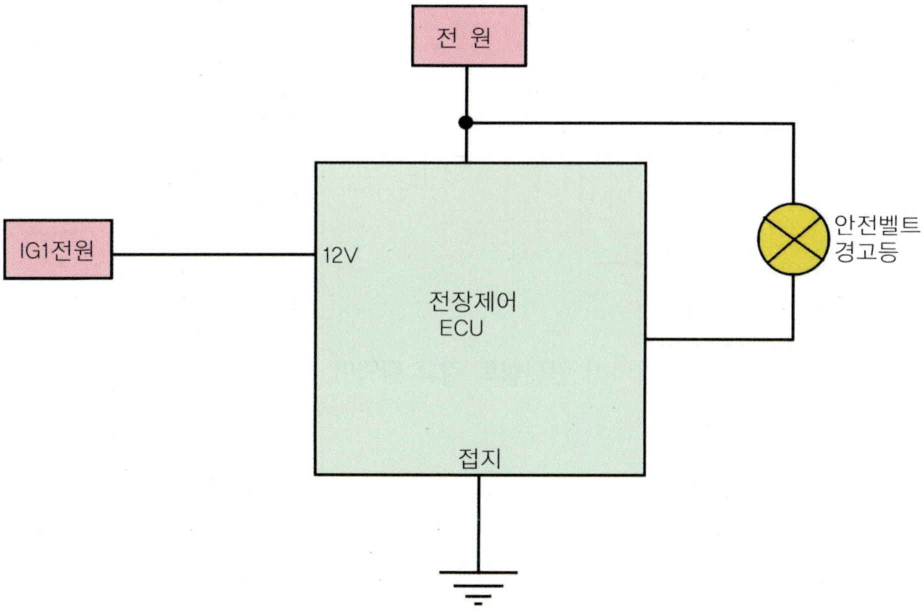

[그림 13] **안전벨트 경고등 타이머제어의 개략도**

[표 13] **안전벨트 경고등 타이머 제어 입·출력전압**

입력요소	시동 키 스위치 (IG1 신호)	OFF	ON
		0V	12V
출력요소	안전벨트 경고등	점등	소등
		0V	12V

7.2 타임차트

[그림 14]는 안전벨트 경고등 타이머 제어의 타임 차트를 나타낸 것이다. 시동키를 ON시키면 안전벨트 경고등은 약 0.6초 주기(T2= 0.3, 50% 듀티신호)로 약 6초(T1)간 점멸한다. 만약 6초 이내에 안전벨트를 착용하여도 경고등은 계속 점멸한다. 안전벨트 경고등이 소등한 후에 안전벨트를 탈거하여도 안전벨트 경고등은 다시 점멸하지 않는다.

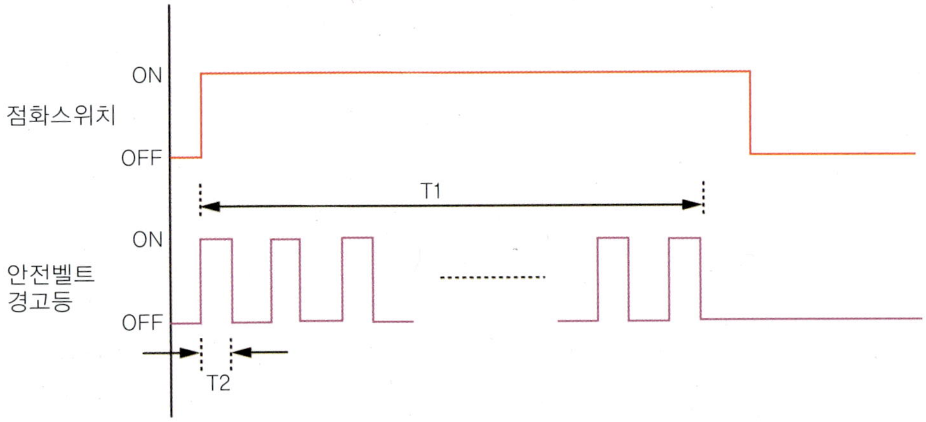

[그림 14] **안전벨트 경고 타이머 제어의 타임차트**

7.3 차종별 제어시간

[표 14]는 안전벨트 경고등 타이머제어의 차종별 시간을 나타낸 것이다. 대부분의 차량에서 동일하게 제어하고 있는 것을 알 수 있다.

[표 14] **안전벨트 경고 타이머 제어 차종별 제어시간**

차 종	제어시간(T1, T2)	특 징
베르나, 아반테 XD EF 소나타, 그랜저 XG, 트라제 XG 산타페, 에쿠스	T2 : 6초±1초 T1 : 0.3초±0.1초	내수 차량은 차임벨 삭제

국내에서 판매되는 차량은 차임벨 기능이 없으나 해외에 수출되는 차량은 경고등 외에 차임벨도 작동하도록 되어 있다.

QUESTION 01

[1] 사이드브레이크를 올리고 변속레버를 "P"상태에 놓는다(수동변속기는 중립위치).
[2] 시동키를 OFF했다가 ON한다.
[3] 안전벨트 경고등 점등횟수와 경고등 점멸시간을 측정한다.
[4] 측정결과를 아래 표에 기록한다.

[실습결과]

점등횟수	점멸시간
회	초

QUESTION 02

[1] 시동키를 다시 OFF했다가 약 10초 후에 ON한다.
[2] 안전벨트 경고등이 점멸되는 중간에 운전석 안전벨트를 착용한다.
[3] 안전벨트 경고등 점멸에 변화가 있는지 살펴본 후 결과를 표에 기록한다.

[실습 결과]

운전석 안전벨트를 착용한 후 경고등 점멸 여부	
작동	비작동

QUESTION 03

[1] 안전벨트 경고등이 점멸되는 중간에 동승석 안전벨트를 착용한다.

[2] 안전벨트 경고등 점멸변화가 있는지 살펴본 후 결과를 표에 기록한다.

[3] 승객의 안전을 위해 개선되었으면 하는 점을 표에 기록한다.

[실습 결과]

동승석 안전벨트 착용 시 경고등 점멸 여부	작동	비작동
승객의 안전을 위해 개선되었으면 하는 점		

08 중앙 집중식 도어록 제어

8.1 입 · 출력요소

운전자가 차량에서 내려서 운전석도어에 키를 삽입하고 문을 잠그면 전체 도어가 함께 잠기고 잠긴 문을 해제하면 전체 도어가 함께 해제 된다. 또한 차량에 승차하여 차내에서 운전석 또는 동승석 도어의 도어 록 노브를 사용하여 문을 잠가도 마찬가지도 전체도어가 잠기고 운전석 또는 동승석 도어를 해제시키면 전체도어가 해제 된다. 이러한 기능을 중앙 집중식 도어 록 제어라고 하며 이 제어 역시 전장제어 ECU가 담당하고 있다.

전장제어 ECU는 운전석 도어 록 스위치와 동승석 도어 록 스위치 신호를 입력받아서 그 신호에 따라서 도어 록 릴레이 또는 도어 언록 릴레이를 제어하여 전체 도어를 록 또는 언록시키는 것이다.

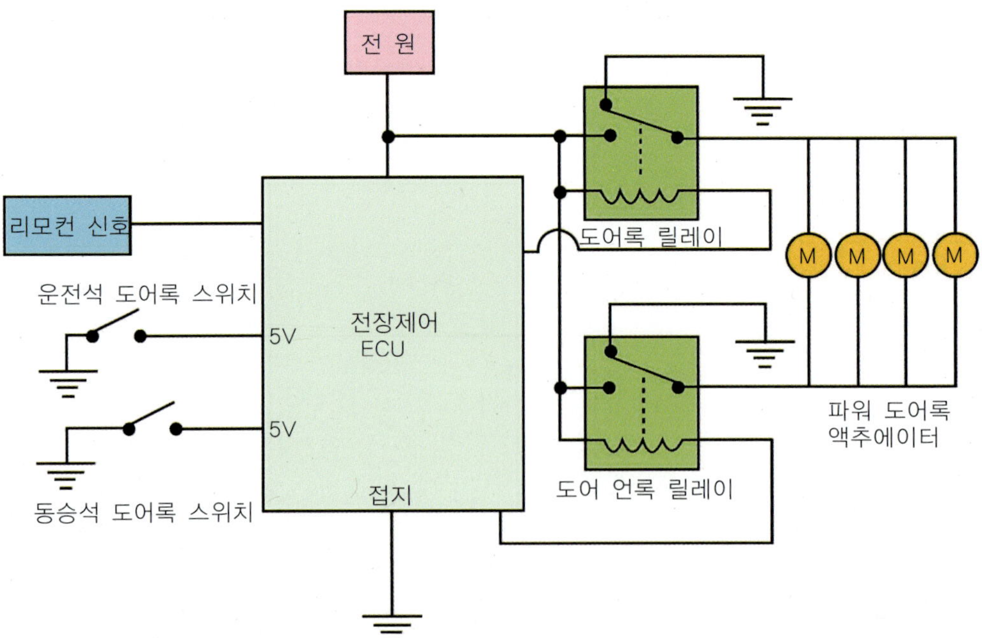

[그림 15] 중앙집중식 도어 록 제어의 개략도

[그림 15]는 중앙집중식 잠금장치 제어의 개략도이고 표 15는 중앙집중식 도어 록의 입·출력전압의 변화를 나타낸 것이다. 또한 도난 경보기가 장착된 차량에서는 리모컨 신호에 의해서 차량을 록 또는 언록 시키기도 한다. 도난 경보기가 장착된 차량은 운전석 또는 동승석 노브를 사용하여 도어를 잠그면 전체 도어가 잠기기는 하지만 노브를 사용하여 도어를 해제시키면 전체 도어가 해제되지는 않는다. 이것은 안전상의 이유로 이렇게 설정되어 있다.

[표 15] 중앙집중식 도어 록 제어 입·출력 전압

<table>
<tr><td rowspan="4">입력요소</td><td rowspan="2">운전석 도어 록 스위치</td><td>도어 언록</td><td>도어 록</td></tr>
<tr><td>0V</td><td>5V</td></tr>
<tr><td rowspan="2">동승석 도어 록 스위치</td><td>도어 언록</td><td>도어 록</td></tr>
<tr><td>0V</td><td>5V</td></tr>
<tr><td rowspan="4">출력요소</td><td rowspan="2">도어 록 릴레이제어</td><td>작동</td><td>해제(평상시)</td></tr>
<tr><td>0V</td><td>12V</td></tr>
<tr><td rowspan="2">도어 언록 릴레이제어</td><td>작동</td><td>해제(평상시)</td></tr>
<tr><td>0V</td><td>12V</td></tr>
</table>

8.2 타임차트

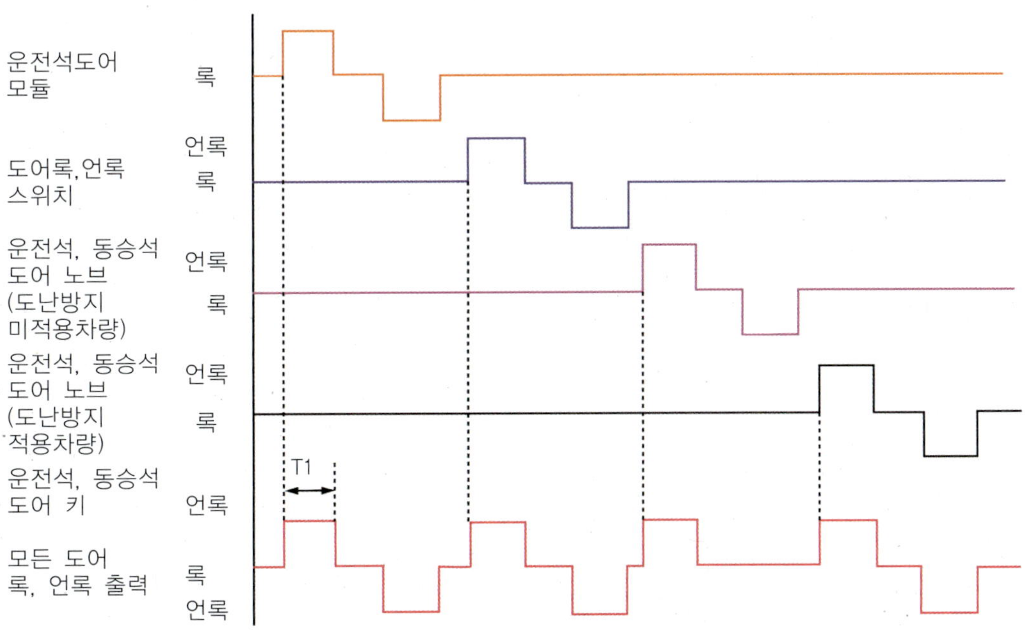

[그림 16] 중앙집중식 도어 록 제어의 타임차트

8.3 차종별 제어시간

[표 16] **중앙 집중식 도어 록 제어 차종별 제어시간**

차 종	제어시간(T1)	특 징
베르나, 아반테 XD EF 소나타, 그랜저 XG, 트라제 XG 산타페, 에쿠스	T1 : 0.5초±0.1초	

QUESTION 01

[1] 사이드브레이크를 올리고 변속레버를 "P"상태에 놓는다(수동변속기는 중립위치).
[2] 시동키를 ON시킨다.
[3] 운전석 도어와 동승석 도어의 록 스위치(KNOB, 도어 스위치 옆)를 ON/OFF 시킨다.
[4] 나머지 3개 도어의 록 스위치가 ON/OFF되는지 확인한다.
[5] 결과를 표에 기록한다.

[실습 결과]

운전석 록 스위치 작동 시		동승석 록 스위치 작동 시	
작동	비작동	작동	비작동

QUESTION 02

[1] 운전석 도어의 록/언록 버튼과 록/언록 스위치(KNOB)가 있는 경우(EF소나타 이상)
[2] ETACS와 연결된 록/언록 릴레이 커넥터를 뺀다(뉴 EF 소나타 M33-3 커넥터).
[3] 운전석의 도어에 있는 록/언록 버튼을 ON/OFF시킨다.
[4] 나머지 3개 도어의 록 스위치가 ON/OFF되는지 확인한다.
[5] 운전석 도어 옆의 도어 록/언록 스위치(KNOB)를 ON/OFF시킨다.
[6] 나머지 3개 도어의 록 스위치가 ON/OFF되는지 확인한다.
[7] 결과를 표에 기록한다.

[실습 결과]

도어록/언록 버튼 작동 시		도어록/언록 노브 작동 시	
작동	비작동	작동	비작동

09 미등 자동 소등 제어

9.1 입·출력요소

운전자가 실수로 미등 스위치를 OFF시키지 않고 차량에서 내렸을 경우에 장시간 시간이 지나면 배터리가 방전하게 되어 그 후에 시동이 불가능하게 되는 어려움을 겪는 경우가 종종 있다.

이러한 문제를 미연에 방지하기 위하여 전장제어 ECU는 시동키 OFF로 된 후 키박스에서 탈거되고 미등스위치가 ON되어 있는 상태에서 운전석 도어가 열리면 그 즉시 미등릴레이를 OFF시켜서 배터리 방전을 예방한다. 이것을 미등 자동 소등제어라고 한다.

[그림 17]은 미등 자동 소등제어의 개략도이고 [표 17]은 미등 자동 소등 제어의 입·출력 전압을 나타낸 것이다. 단, 그랜저 XG 차량은 시동키를 OFF할 때 미등 소등 제어 기능 수행하고 아반테XD 차량은 시동키를 키박스에서 탈거할 때 미등 소등제어 기능을 수행한다.

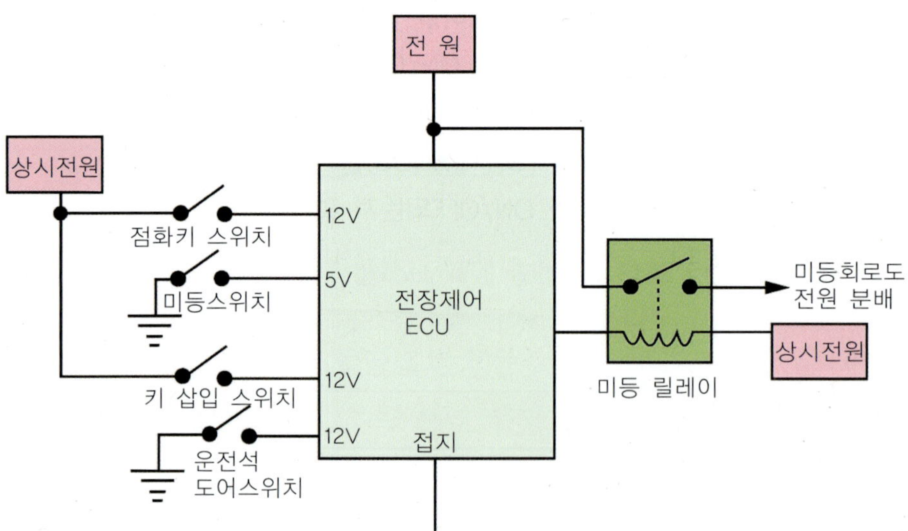

[그림 17] 미등 자동 소등제어의 개략도

[표 17] 미등 자동 소등제어의 입·출력전압

입력요소	시동 키	OFF	ON
		0V	12V
	키 삽입 스위치	탈거	삽입
		0V	12V
	미등 스위치	ON	OFF
		0V	5V
	운전석 도어스위치	도어 열림	도어 닫힘
		0V	12V
출력요소	미등 릴레이제어	작동	해제
		0V	12V

9.2 타임차트

미등이 켜 있는 상태에서 시동키를 OFF한 후 키 박스에서 탈거하고 운전석 도어를 열면 그 즉시로 전장제어 ECU가 미등릴레이가 OFF시켜서 미등이 소등된다. 그 상태(미등스위치는 ON되어 있으나 전장제어 ECU가 미등릴레이를 OFF시킨 상태)에서 다시 키를 삽입하여 키를 ON시키면 미등릴레이가 ON으로 되어 미등이 켜진다. 여기서 다시 시동키를 OFF시키고 키 박스에서 다시 탈거하면 동일하게 미등 소등 제어를 실시한다.

다시 시동키를 OFF시킨 상태에서 운전석 도어를 열고 미등스위치를 OFF상태에서 ON시키면 미등릴레이가 ON으로 되고 미등이 켜진다. [그림 18]은 미등 자동 소등 제어의 타임차트를 나타낸 것이다.

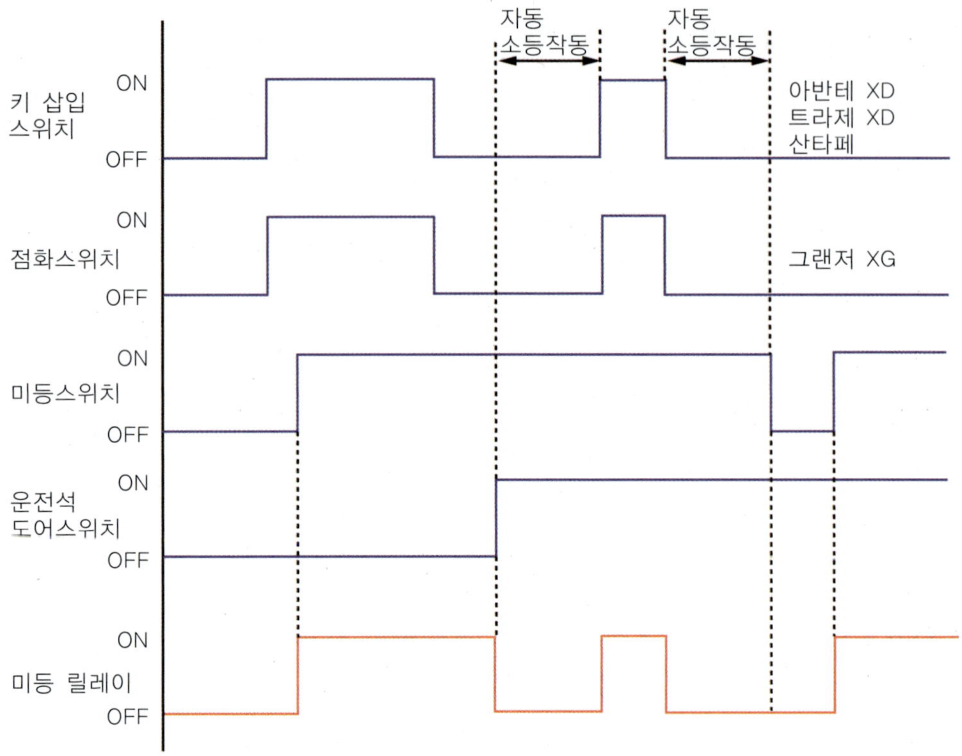

[그림 18] 미등 자동 소등제어의 타임차트

9.3. 차종별 제어시간

[표 18]은 미등 자동 소등제어의 차종별 제어시간을 나타낸 것이다.

[표 18] 미등 자동 소등제어의 차종별 제어시간

차 종	특 징
베르나, EF 소나타	기능 없음
아반테 XD, 산타페	핸들 록 스위치(키 탈거 시)
트라제 XG, 그랜저 XG	시동 키 스위치(IG1 OFF 시)
에쿠스	핸들 록 스위치(키 탈거 시) 및 운전석 도어 열림 후 닫힘 신호

QUESTION 01

[1] 사이드브레이크를 올리고 변속레버를 "P"상태에 놓는다(수동변속기는 중립위치).
[2] 시동키를 ON시켜서 시동을 걸고 미등을 ON시킨다.
[3] 약 2분 후에 미등이 ON되어 있는 상태에서 시동키를 OFF시키고 키를 빼낸다.
[4] 운전석 도어를 열었을 때 미등이 자동으로 소등되는지 확인한다.
[5] 측정결과를 표에 기록한다.

[실습 결과]

미등 자동 소등	
작동	비작동

QUESTION 02

[1] ETACS와 미등 릴레이를 연결시키는 커넥터를 뺀다.
[2] 위의 실험을 동일하게 반복 실시한다.
[3] 미등이 자동 소등되는지 확인한다.
[4] 결과를 표에 기록한다.
[5] 위 실험으로 미등을 자동 소등 제어하는 것은 무엇이라 생각하는가 ?
[6] 위와 같은 제어 기능이 필요한 이유는 무엇인지 표에 기록한다.

[실습 결과]

미등 자동 소등 제어 역할을 하는 것은 무엇인가?	
위의 제어가 필요한 이유는?	

10 오토 도어록 제어

10.1 입·출력요소

차속이 40km 이상이 되면 전장제어 ECU는 자동으로 전체 도어를 자동으로 잠그는 제어를 수행한다. 이것은 차량이 빠른 속도로 주행하고 있는 상태에서 어린이 등이 장난으로 혹은 실수로 문이 열려서 크게 상해를 입는 것을 방지하기 위한 것이다.

전장제어 ECU는 시동키가 ON신호, 전체 도어 록 신호, 차속신호를 입력받고 있다가 차속이 40km 이상이 되면 도어 록 릴레이를 ON시켜서 전체 도어를 록 시킨다. [그림 19]는 오토 도어 록 제어의 개략도를 나타낸 것이고 [표 19]는 오토 도어 록 제어의 입·출력 제어를 나타낸 것이다.

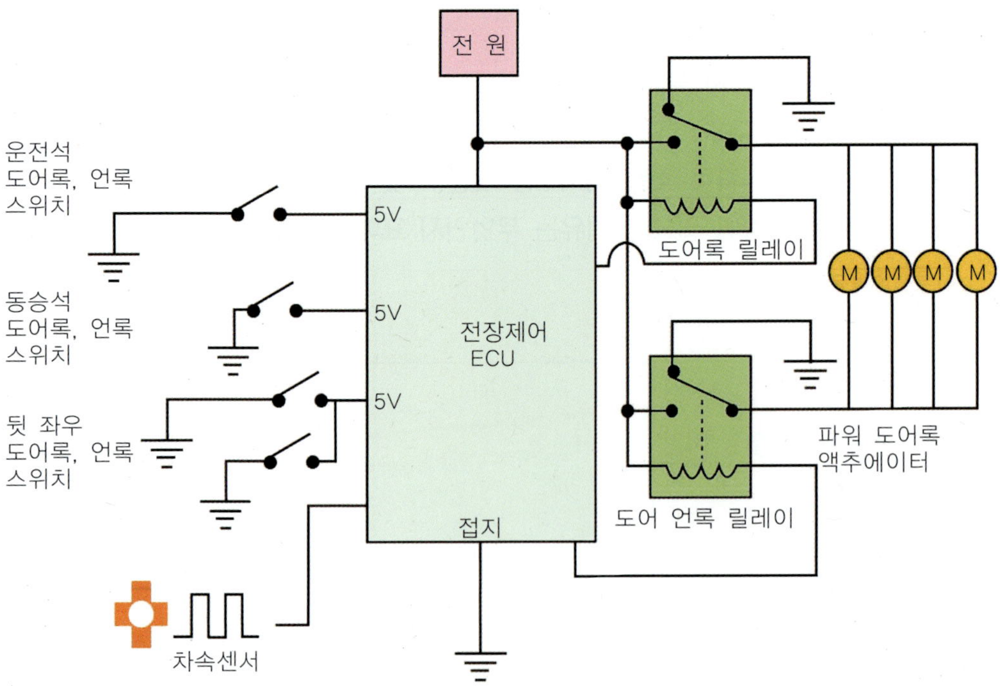

[그림 19] 오토 도어 록 제어의 개략도

[표 19] **오토 도어 록 제어의 입·출력전압**

입력요소	운전석, 동승석, 뒤 좌우 도어 록, 언록 스위치	도어 언록	도어 록
		0V	5V
	차속 센서	차속 증가 시	
		펄스 증가	
출력요소	도어 록 릴레이	작동	해제(평상시)
		0V	12V
	도어 언록 릴레이	작동	해제(평상시)
		0V	12V

10.2 타임차트

[그림 20]은 오토 도어 록 제어의 타임 차트를 나타낸 것이다. 차속이 40Km/h 이상이 되면 전체 도어를 록 시킨다. 이 제어 후에 어느 한 개의 도어가 언록이 되면 그 즉시 다시 전체 도어 록 동작을 수행한다.

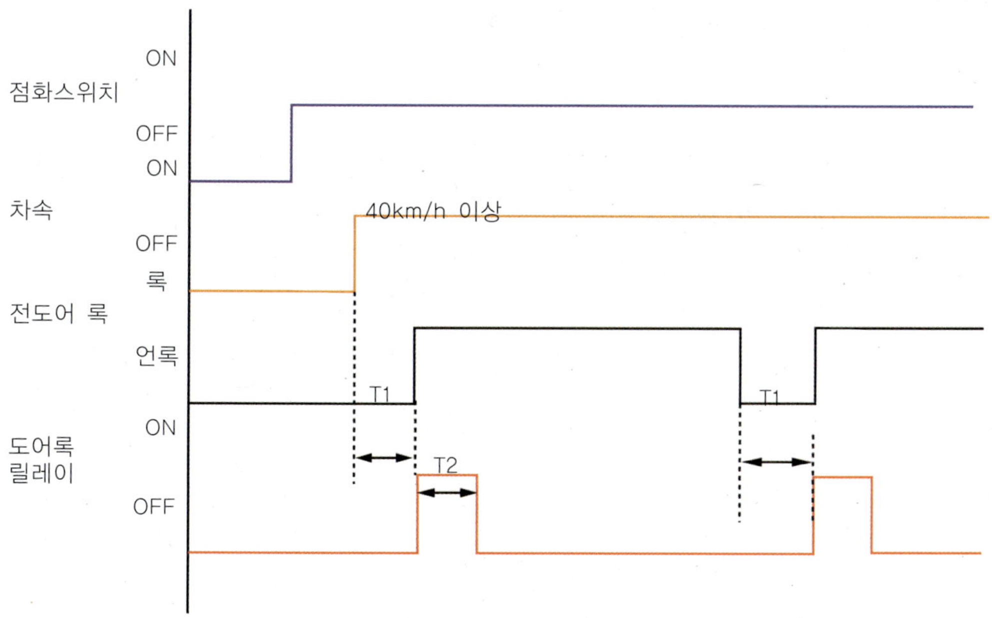

[그림 20] **오토 도어 록 제어의 타임차트**

10.3 차종별 제어시간

[표 20]은 오토 도어 록 제어의 차종별 제어 시간을 나타낸 것이다. 베르나, 아반테 XD 차량에는 이 기능이 생략되어 있으며 그 밖의 차량에는 차속 감응 도어 록 제어 기능이 있다.

[표 20] **오토 도어 록 제어의 차종별 제어시간**

차 종	제어시간(T1)	특 징
베르나 아반테 XD		기능 없음
EF 소나타 그랜져 XG 트라제 XG 산타페 에쿠스	T1 : 2~3초 T2 : 0.5 초	

QUESTION 01

[1] 차량을 리프트 위에 바르게 위치시킨다.
[2] 리프트를 작동시켜서 4바퀴가 모두 지면에서 약 5cm 이상 떨어지게 올린다.
[3] 사이드브레이크를 올리고 변속레버를 "P"상태에 놓는다(수동변속기는 중립 위치).
[4] 시동키를 돌려서 시동을 걸고 변속레버를 "D"에 놓은 후 차량을 공회전 시킨다.
[5] 차속이 40km/h 이상이 되도록 액셀 페달을 밟는다.
[6] 차속이 증가하면서 자동으로 도어가 록 되는 속도를 확인한다.
[7] 결과를 표에 기록한다.

[실습 결과]

오토 도어 록 제어 여부		도어 록 제어 속도
작동	비작동	km/h

QUESTION 02

[1] ETACS와 차속센서를 연결시키는 커넥터를 뺀다.
[2] 위의 실험을 동일하게 반복 실시한다.
[3] 차속이 증가하면서 자동으로 도어가 록 되는 지 확인한다.
[4] 위 실험으로 도어를 자동으로 록 시키는 것은 무엇이라 생각하는가 ?
[5] 위와 같은 제어 기능이 필요한 이유는 무엇인지 표에 기록한다.

[실습 결과]

도어를 자동으로 록 시키는 역할을 하는 것은 무엇인가?	
위의 제어가 필요한 이유는?	

11 시동 키 홀 조명

11.1 입·출력요소 제어

시동키가 OFF상태에서 운전석 도어의 문을 열면 시동 키 박스에 조명등이 들어온다. 이것은 야간에 운전자가 시동 키 박스를 쉽게 찾을 수 있도록 도와주기 위한 편의 장치이다.

전장제어 ECU는 시동키의 ON, OFF상태를 검지할 수 있는 시동 키 스위치 신호와 운전석 도어 스위치 신호를 입력받아서 키 홀 조명등을 제어한다. [그림 21]은 시동 키 홀 조명 제어의 개략도이고 [표 21]은 시동 키 홀 조명 제어의 입·출력전압을 나타낸 것이다.

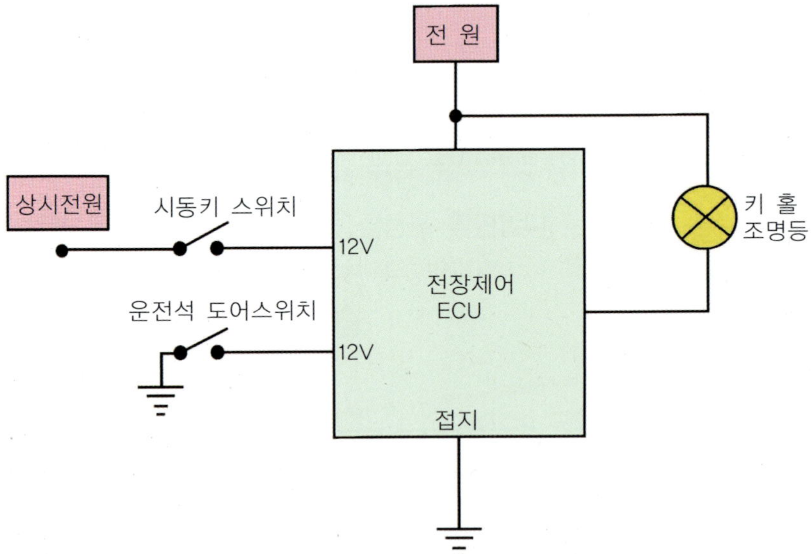

[그림 21] 시동 키 홀 조명 제어의 개략도

[표 21] **시동 키 홀 조명 제어 입·출력전압**

입력요소	시동키 스위치	OFF	ON
		0V	12V
	운전석 도어 스위치	도어 열림	도어 닫힘
		0V	12V
출력요소	키 홀 조명등	점등	소등
		0V	12V

11.2 타임차트

시동 키(점화스위치) OFF상태에서 운전석 도어가 열리면(운전석 도어 스위치가 ON되면) 키 홀 조명이 ON된다. 운전석 도어가 닫혀도 T1시간동안 계속 키 홀 조명이 ON된다.

키 홀 조명이 ON되어 있을 때 시동을 걸기 위해서 점화스위치를 ON시키면 그 즉시 키 홀 조명은 OFF된다. 즉 점화스위치 OFF, 운전석 도어 스위치 ON조건만 되면 키 홀 조명은 ON된다.

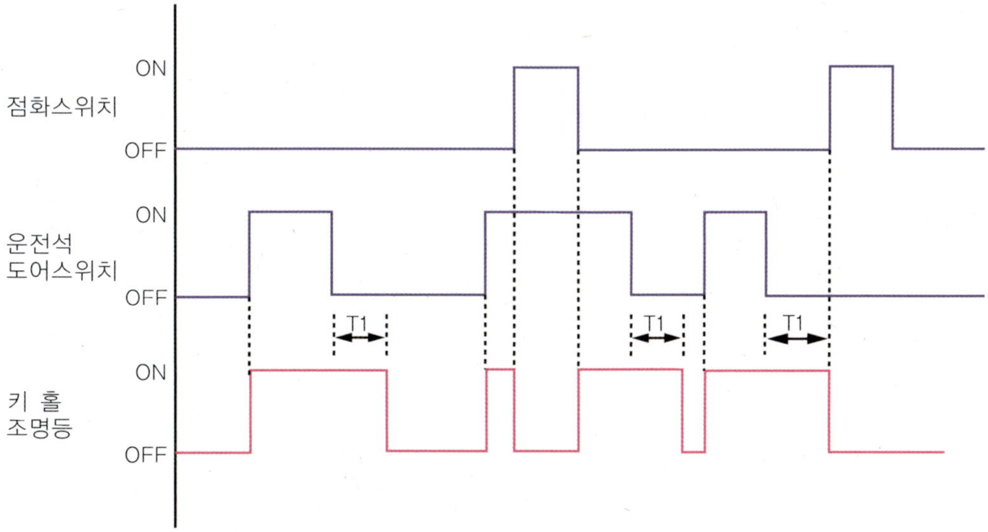

[그림 22] **시동 키 홀 조명 제어의 타임차트**

11.3 차종별 제어시간

[표 22]는 시동키 홀 조명 제어의 차종별 제어시간을 나타낸 것이다. 대부분 차량에서 제어시간이 같다.

[표 22] 시동키 홀 조명 제어의 차종별 제어시간

차 종	제어 시간 (T1)	특 징
베르나, 아반테 XD EF 소나타, 그랜저 XG 트라제 XG, 산타페 에쿠스	T1 : 10초±1초 T2 : 0초~10초	

QUESTION 01

[1] 사이드브레이크를 올리고 변속레버를 "P"상태에 놓는다(수동변속기는 중립위치).
[2] 시동키를 돌려서 OFF상태에 놓는다.
[3] 운전석 도어 스위치를 열어서 키 홀 조명이 들어오는지 확인한다.
[4] 운전석 도어를 닫아도 계속 키 홀 조명이 들어오는지 살펴본다.
[5] 운전석 도어를 닫은 후 몇 초 동안 키 홀 조명이 들어오는지 측정한다.
[6] 측정결과를 표에 기록한다.

[실습 결과]

운전석 도어가 닫힌 후 키 홀 조명이 들어온 시간	초

QUESTION 02

[1] 운전석 도어를 다시 열었다가 닫는다.
[2] 키 홀 조명이 들어온 상태에서 시동키를 돌려서 시동을 건다.
[3] 키 홀 조명이 어떻게 변하는지 살펴본다.
[4] 결과를 표에 기록한다.
[5] 운전석 도어와 점화키를 ON/OFF시키면서 키 홀 조명이 ON되는 조건을 찾아라.
[6] 키 홀 조명이 ON되는 조건을 표에 기록한다.

[실습 결과]

키 홀 조명이 들어온 상태에서 시동을 걸면 키 홀 조명은 어떻게 되는가?	ON	OFF
키 홀 조명이 ON되는 조건		

12 시동 키 탈거시 전도어 언록 제어

12.1 입·출력요소 제어

자동차 키를 키 박스에서 탈거하면 전 도어가 언록 된다. 운전자가 키를 키 박스에서 탈거했다는 것은 도어를 열고 차량에서 내리려는 것으로 간주될 수 있으므로 운전자의 편의를 위해서 자동으로 전도어를 언록시키는 것이다.

[그림 23]은 시동키 탈거 시 전도어 언록 제어의 개략도이고 [표 23]은 시동 키 탈거 시 전도어 언록 제어의 입·출력전압을 나타낸 것이다.

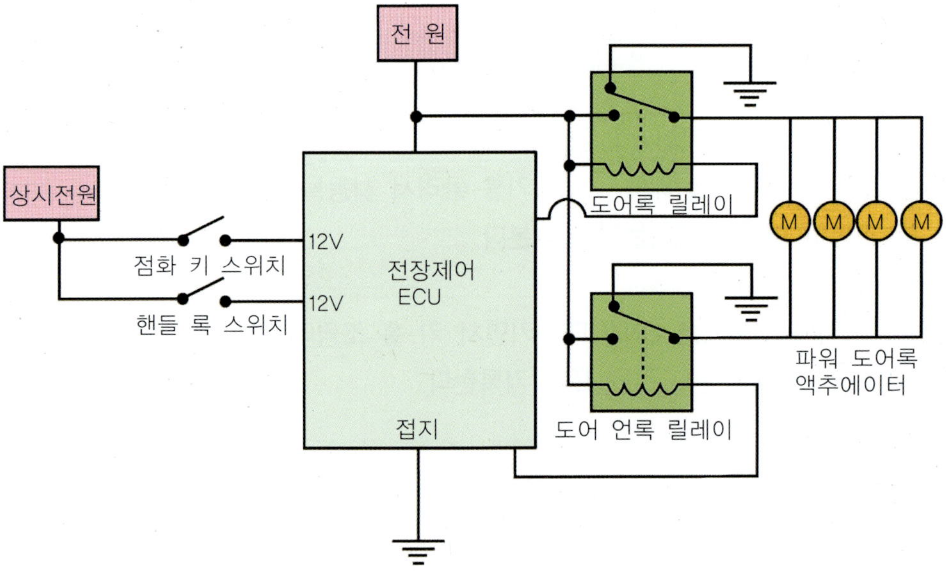

[그림 23] 시동키 탈거 시 전도어 언록 제어 개략도

[표 23] **시동 키 탈거 시 전도어 언록 제어의 입·출력전압**

입력요소	시동 키 스위치	OFF	ON
		0V	12V
	핸들 록 스위치	탈거	삽입
		0V	12V
출력요소	도어 언록 릴레이제어	작동	해제
		0V	12V

12.2 타임차트

[그림 24]는 시동키 탈거 시 전도어 언록 제어의 타임차트를 나타낸 것이다. 시동키를 탈거하는 순간에 도어 언록 릴레이가 ON으로 되고 따라서 모든 도어 록 스위치가 언록 상태로 된다. 그랜저 XG, 산타페는 시동키 탈거 시 모든 도어가 언록이 되는 것이 아니고 시동키 OFF상태가 되면 모든 도어가 언록이 된다.

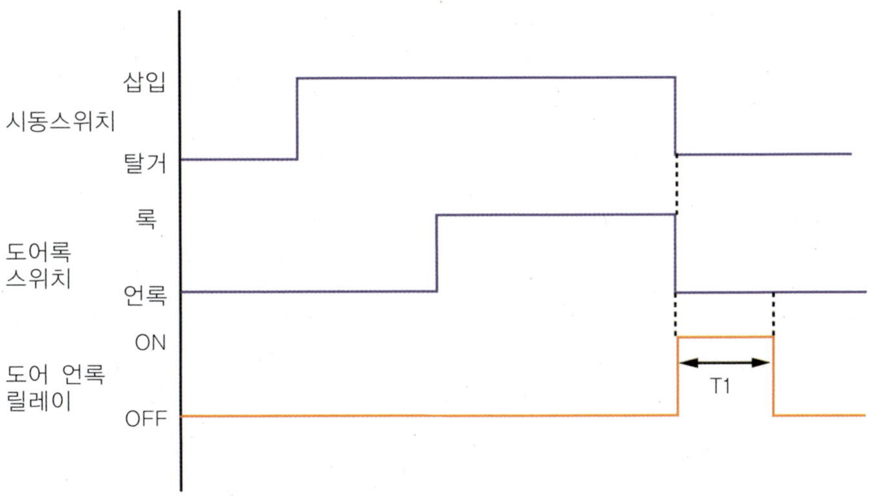

[그림 24] **시동 키 탈거 시 전도어 언록 제어의 타임차트**

12.3 차종별 제어시간

[표 24]는 시동키 탈거 시 전도어 언록 제어의 차종별 제어시간을 나타낸 것으로 차종에 따라서 언록 제어되는 조건이 다르게 설정되어 있는 것을 알 수 있다.

[표 24] **시동키 탈거 시 전도어 언록 제어의 차종별 제어시간**

차 종	제어시간(T1)	특 징
베르나, 클릭 라비타 트라제 XG	T1 : 0.5초±0.1초	키 탈거 시 작동
그랜저 XG 산타페	T1 : 0.5초±0.1초	키 OFF 시 작동

QUESTION 01

[1] 사이드브레이크를 올리고 변속레버를 "P"상태에 놓는다(수동변속기는 중립위치).

[2] 전 도어 록 스위치를 눌러서 전체 도어를 록 시킨다.

[3] 시동키를 OFF시킨 후 키 박스에서 탈거한다.

[4] 이 때 전 도어가 언록 되는지 살펴본다.

[5] 차종에 따라서 언록되는 조건이 상이하다. 언록 되는 조건이 다음 중 무엇인지 찾아서 표에 기록한다.

① 시동키 OFF시

② 시동키 탈거시

③ 운전석 도어를 실내에서 OPEN했을 때

[실습 결과]

차 종	언록 조건

QUESTION 02

[1] 차량에서 전장제어 ECU(ETACM)을 찾아서 커넥터를 뽑는다.

[2] 전 도어 록 스위치를 눌러서 전체 도어를 록 시킨다.

[3] 시동키를 OFF시킨 후 키 박스에서 탈거한다.

[4] 이 때 전 도어가 언록 되는지 살펴본다.

[5] 실습을 통해서 알게 된 사실을 표에 기록한다.

[실습 결과]

실습 2를 통해서 알게 된 사실은?

13 충돌 감지 언록 제어

13.1 입·출력요소 제어

충돌 감지 언록 제어는 자동차 사고가 발생하면 차체의 충격을 감지하여 자동으로 모든 도어를 언록시키는 것이다. 이렇게 하여 자동차로부터 승객이 쉽게 탈출할 수 있게 하는 것이다.

전장제어 ECU는 충돌감지센서, 혹은 에어백 ECU의 전개 신호로 자동차의 충돌을 감지하고 이 때 도어 언록 릴레이를 ON시켜서 전 도어를 언록하도록 한다. [그림 25]는 충돌 감지 언록 제어 개략도이고 [표 25]는 충돌 감지 언록 제어의 입·출력전압을 나타낸 것이다.

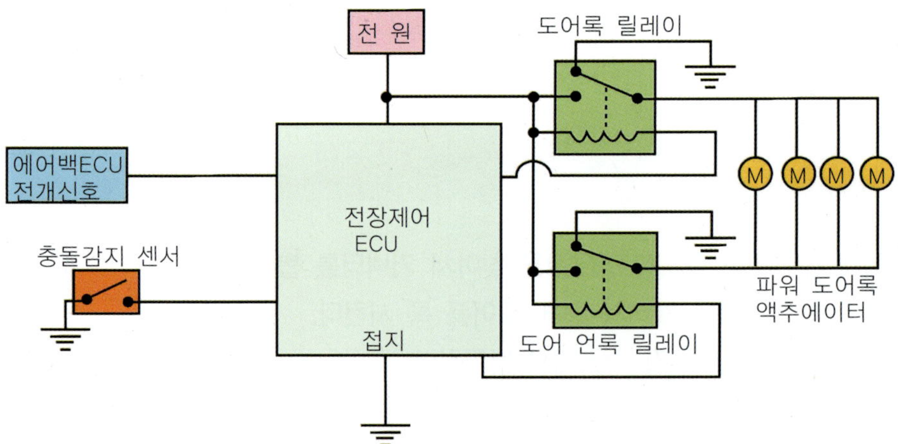

[그림 25] 충돌 감지 언록 제어의 개략도

[표 25] **충돌 감지 언록 제어의 입·출력전압**

입력요소	에어백 전개 신호	평상시	전개
		0V	12V
	충돌감지센서	평상시	충돌
		0V	5V
출력요소	도어 언록 릴레이	작동	해제
		0V	12V

13.2 타임차트

에어백 전개 신호가 전개 신호를 발생하던지, 아니면 충돌감지 센서에서 충돌 신호를 내보내면 도어 언록 릴레이가 ON된다. 트라제 XG, 산타페 등의 차량에서 차량 충돌하면 에어백 ECU로부터 에어백 전개 신호를 입력 받아서 즉시 도어 언록을 행한다. 그랜저 XG의 경우는 별도의 충돌센서에 의하여 파워 윈도우 메인 스위치가 도어 언록 제어를 한다. [그림 26]은 충돌 감지 언록 제어의 타임차트를 나타낸 것이다.

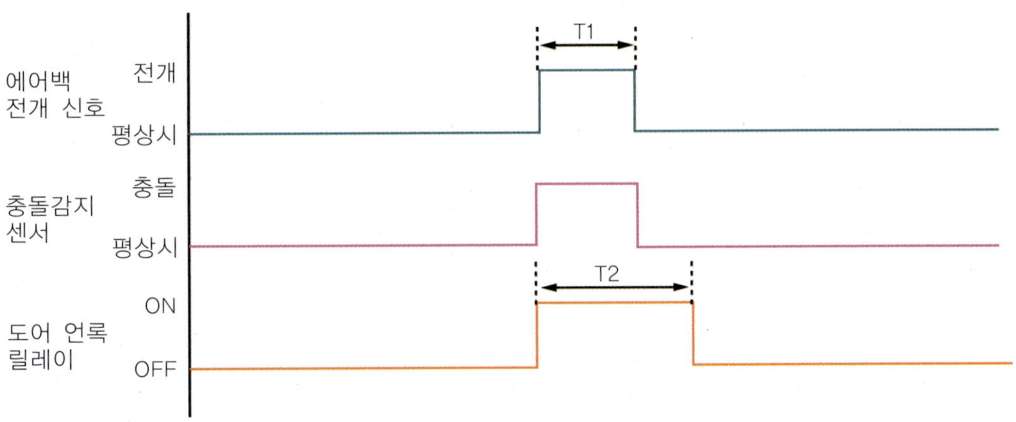

[그림 26] **충돌 감지 언록 제어의 타임차트**

13.3 차종별 제어시간

[표 26]는 충돌 감지 언록 제어의 차종별 제어시간을 나타낸 것으로 차종에 따라서 에어백 전개 신호를 받는 차량과 충돌 감지센서에서 신호를 받는 차종이 서로 다르다.

[표 26] 충돌 감지 언록 제어의 차종별 제어시간

차 종	제어시간(T1)	특 징
베르나, 뉴 EF소나타, 트라제 XG, 산타페	T1 : 200ms T2 : 1초±0.2초	에어백 ECU에서 신호 받음
그랜저 XG, 에쿠스		충돌 감지센서에서 신호 받음

QUESTION 01

[1] 사이드브레이크를 올리고 변속레버를 "P"상태에 놓는다(수동변속기는 중립위치).
[2] 시동키를 돌려서 ON상태에 놓는다(단, 시동은 걸지 않는다).
[3] HI-DS, HI-SCAN 등을 사용하여 에어백 전개신호를 강제 구동시켜 본다.
[4] 충돌 감지센서를 강제 구동시켜 본다.
[5] 이 때 전 도어가 언록 되는지 살펴본다.
[6] 언록되는 조건이 무엇인지 찾아서 표에 기록한다.
① 에어백 전개 신호
② 충돌 감지센서

[실습 결과]

차 종	언록 조건

QUESTION 02

[1] 사이드브레이크를 올리고 변속레버를 "P"상태에 놓는다(수동변속기는 중립위치).
[2] 시동키를 돌려서 ON상태에 놓는다(단, 시동은 걸지 않는다).
[3] HI-DS, HI-SCAN 등을 사용하여 언록 릴레이 작동시간을 측정한다.
[4] 결과를 표에 기록한다.

[실습 결과]

도어 언록 릴레이가 ON되는 시간은?
초

14 도난 경보 제어

14.1 도난경보기

도난 경보시스템은 운전자의 도어 록, 언록 신호를 무선으로 내보내는 리모컨과 리모컨의 신호를 무선통신으로 받아들이는, 차량에 설치된 수신기(리시버) 그리고 수신기의 신호를 받아들여서 각종 릴레이를 제어하는 전장제어 ECU(ETACS)로 구성되어 있다. [표 27]은 차종별 도난경보기의 사양을 나타낸 것이다.

[표 27] **차종별 도난경보기 사양**

항 목	베르나	아반테 XD	EF소나타	그랜저 XG	트라제XG	산타페	에쿠스
리모컨으로 LOCK	비상등 1회	비상등 1회	비상등 2회	비상등 2회	비상등 1회	비상등 1회	비상등 2회
리모컨으로 UNLOCK	비상등 2회	비상등 2회	비상등 1회	비상등 1회	비상등 2회	비상등 2회	비상등 1회
경보주기 및 횟수	27초 ON 10초 OFF 3회 반복	27초 ON 10초OFF 3회 반복	27초 ON 10초OFF 3회 반복	27초 ON 10초OFF 3회 반복	27초 ON 10초OFF 3회 반복	27초 ON 10초OFF 3회 반복	5초 ON 5초 OFF 90초간 작동
경보동작중 새로운 도난 발생 시(사이렌 작동중)	잔여분만 출력	잔여분만 출력	잔여분만 출력	잔여분만 출력	27초 ON 10초OFF 3회 반복	27초 ON 10초OFF 3회 반복	5초 ON 5초 OFF 90초간 작동
경보동작후 새로운 도난 발생시 (사이렌 작동중)	27초 ON 10초OFF 3회 반복	27초 ON 10초OFF 3회 반복	27초 ON 10초OFF 3회 반복	27초 ON 10초OFF 3회 반복	27초 ON 10초OFF 3회 반복	27초 ON 10초OFF 3회 반복	5초 ON 5초 OFF 90초간 작동
리모컨 주파수대역	447.725 MHz	447.725M Hz	304MHz	447.725M Hz	447.725 MHz	447.725 MHz	447.725 MHz
경보해제 방법	리모컨 IG KEY	리모컨 전용	리모컨 IG KEY	리모컨 전용	리모컨 전용	리모컨 전용	리모컨 전용

항 목	베르나	아반테 XD	EF소나타	그랜저 XG	트라제XG	산타페	에쿠스
원격시동	없음	있음	없음	있음	없음	없음	있음
ETACS 장착위치	동전 케이스 뒤	오디오 하단	정션박스 뒤 삽입	정션박스 뒤 삽입	정션박스 뒤 삽입	정션박스 뒤 삽입	정션박스 측면 삽입
수신기 장착위치	ETACS 일체형	ETACS 일체형	오디오 하단	ETACS 일체형	ETACS 일체형	ETACS 일체형	악셀페달 상단부

도난경보기 제작회사에 따라서 조금씩 변화가 있으므로 주의하여 살펴보아야 한다. 단, 리모컨으로만 경계가 해제되는 차량은 리모컨 분실시 점화키 ON상태로 30초 이상 유지하게 되면 경계가 해제되고 경보발생이 중지된다. 다음은 차종에 따른 시스템의 구성을 살펴보자.

14.2 소나타, 마르샤 차량

쏘나타, 마르샤 차량의 경우에 수신기에는 수신모듈 및 제어회로가 없고 이 수신모듈 및 제어회로는 전장제어 ECU(ETACS)에 장착되어 있다. 수신기는 수신된 신호를 전장제어 ECU에 그대로 보내주면 전장제어 ECU는 해당신호를 판독하여 제어기능을 수행한다.

수신기와 전장제어 ECU는 2개의 연결선이 있다. 그 중 하나는 리모컨을 입력시킬 때 입력되는 코드 신호와 전장제어 ECU가 기억하고 있는 리모컨 코드를 비교하여 기존 신호인지 아니면 새로 입력되는 신호인지 알기 위한 코드 입력선 그리고 다른 하나는 리모컨의 제어 신호를 전장제어 ECU에 보내주는 시그널 선이 있다.

리모컨은 사용자가 작동시킨 록, 언록 스위치를 리모컨의 정보와 조합하여 경계 진입 및 해제 신호를 만들어 수신기로 송출한다. 수신기에서는 수신된 신호를 그대로 전장제어 ECU에 보내 준다. 전장제어 ECU는 수신기의 신호를 받아서 ECU내부에 기억된 리모컨 코드와 비교하여 일치할 경우 사이렌 작동제어, 시동 금지 제어, 도어 록 언록 제어 기능을 수행한다.

[표 28] **소나타, 마르샤 차량의 도난경보시스템**

단 품	역 할
리모컨	록 또는 언록 스위치를 리모컨 정보와 조합하여 경계진입 및 해제 신호를 수신기로 송출한다.
수신기	수신된 신호를 그대로 전장제어 ECU로 보내준다.
전장제어 ECU	수신기로부터 입력받은 신호를 전장제어 ECU가 기억하고 있는 리모컨 코드와 비교하여 일치할 경우 도난 경계 상태로 진입한다.

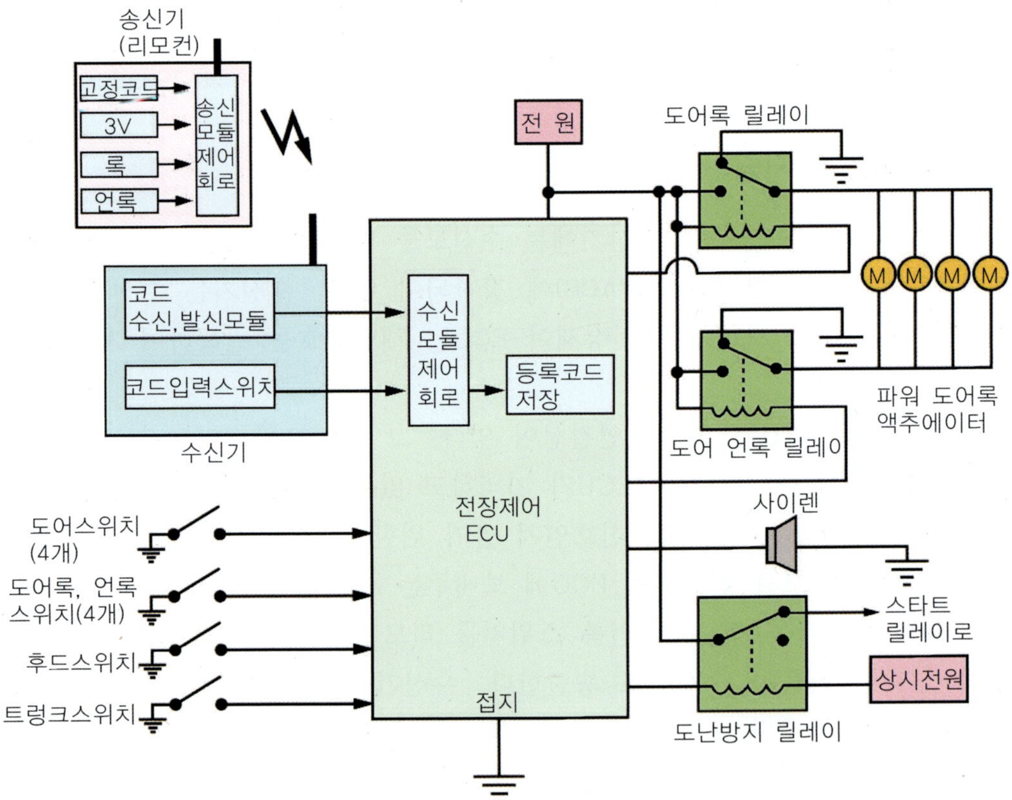

[그림 27] **소나타, 마르샤 차량의 도난 경보시스템의 개략도**

14.3 그랜저, 그랜저XG, 다이너스티 차량

그랜저 다이너스티는 리모컨 코드 판단을 전장제어 ECU가 아닌 수신기가 기억하며 판단한다. 먼저 파워 윈도우 메인스위치에서 수신기로 5V의 전압을 인가하며 수신기로는 록 시 50ms 접지, 언록시 100ms 동안 0V로 접지시키므로 리모컨 록, 언록 신호를 알 수 있다. 이 신호를 입력받은 파워 윈도우 메인 스위치는 도어 록 출력을 내고 MUX 통신라인을 통하여 전장제어 ECU로 경계 진입신호를 보내고 전장제어 ECU는 경계진입에 관련된 입력을 확인하고 경계 진입조건에 적합하면 경계상태로 진입한다.

따라서 리모컨 입력 시 전장제어 ECU가 아닌 수신기가 리모컨 코드를 기억하므로 별도의 코드 입력선이 필요하지 않으며 단지 5V, 0V로 전압 변화를 보이는 시그널 선만 필요하다.

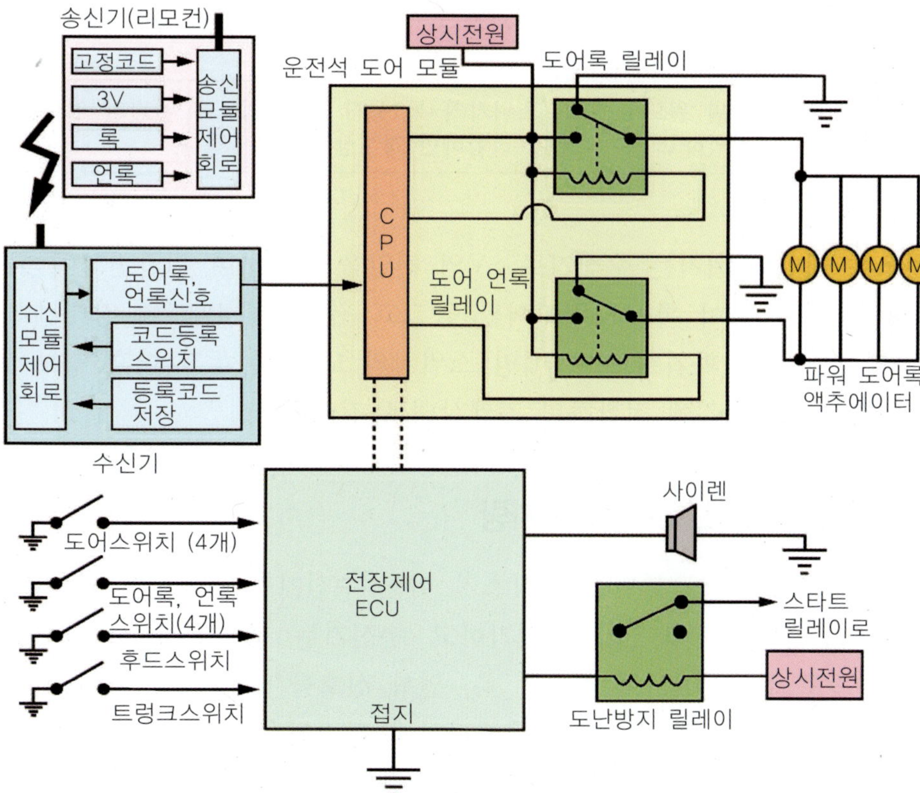

[그림 28] 그랜저, 그랜저XG, 다이너스티 차량의 도난 경보시스템의 개략도

[표 29]는 그랜저, 그랜저 XG, 다이너스티 차량의 도난 경보시스템을 설명한 것이다. 리모컨은 사용자가 작동시킨 록, 언록 스위치를 리모컨 정보와 조합하여 도난 경계 진입 및 해제 신호를 수신기로 무선 송출한다. 수신기는 리모컨에서 입력받은 신호를 내부에 입력된 리모컨 코드와 비교하여 코드가 일치할 경우 파워 윈도우 메인 스위치로 신호를 출력한다.

[표 29] 그랜저, 그랜저XG, 다이너스티 차량의 도난 경보시스템

단 품	역 할
리모컨	록 또는 언록 스위치를 리모컨 정보와 조합하여 경계진입 및 해제 신호를 수신기로 송출한다.
수신기	리모컨으로부터 입력받은 신호를 내부에 입력된 리모컨 코드와 비교하여 코드가 일치할 경우 파워 윈도우 메인스위치로 신호를 출력한다.
파워윈도우 메인스위치	수신기로 5V의 전압을 인가하여 전압 변화에 따른 리모컨 신호를 입력 받아 록 시 전도어를 잠그고 전장제어 ECU로 경계신호를 보내 준다.
전장제어 ECU	파워 윈도우 메인 스위치의 록 동작 이후 경보에 관련된 입력을 확인하고 경계조건에 적합하면 경계상태로 진입한다.

파워 윈도우 메인 스위치는 수신기로 5V의 전압을 인가하며 전압변화에 따른 리모컨 신호를 입력받아 도어 록 시 전도어를 잠그고 전장제어 ECU로 경계신호를 보내준다. 전장제어 ECU는 파워 윈도우 메인 스위치의 도어 록 동작 이후 경보에 관련된 입력을 확인하고 경계조건에 적합하면 경계상태로 진입한다.

14.4 EF소나타, 아반테, 스타렉스 차량

EF소나타는 리모컨 코드 판단을 에탁스가 아닌 수신기가 기억하며 판단한다. 먼저 에탁스에서 수신기로 5V의 전압을 인가하고 수신기는 록 시 50ms접지, 언록 시 100ms 동안 0V로 접지시키므로 리모컨 록, 언록 신호를 알 수 있다. 이 신호를 입력받은 에탁스는 도어 록 출력을 내고 경계진입에 관련된 입력을 확인하며 경계 진입 조건에 적합하면 경계상태로 진입한다. 따라서 리모컨 입력 시 전장제어 ECU가 아닌 수신기가 리모컨 코드를 기억하므로 별도의 코드 입력선이 필요하지 않으며 단지 5V, 0V로 전압의 변화를 보이는 시그널 선만 필요하다.

[표 30] EF소나타, 아반테, 스타렉스 차량의 도난 경보시스템을 설명한 것이다. 리모컨은 사용자가 작동한 록 또는 언록 스위치를 리모컨 정보와 조합하여 경계진입 및 해제 시그널을 수신기로 송출한다.

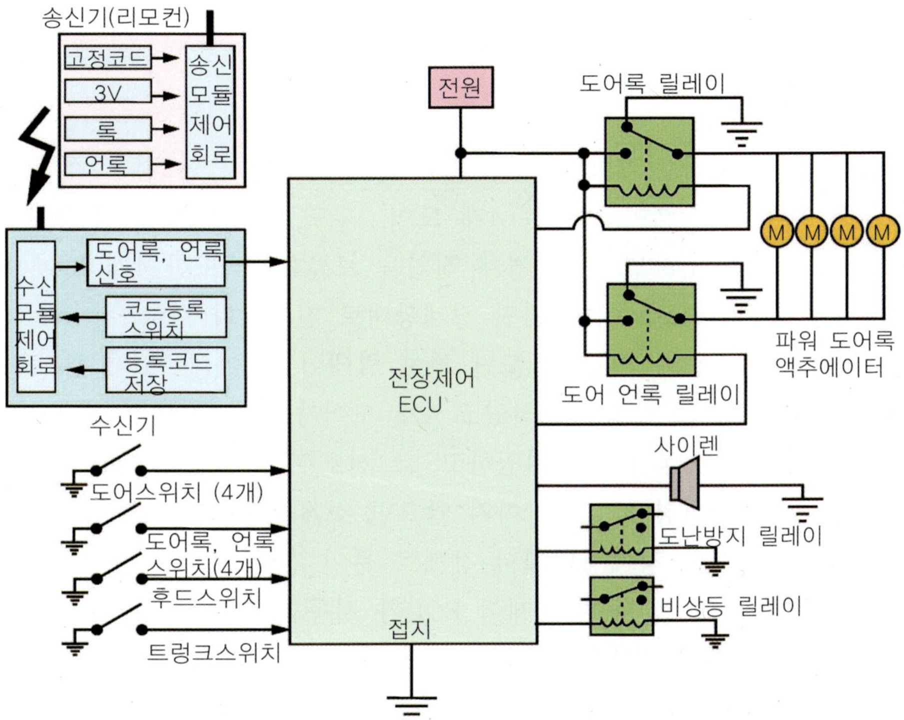

[그림 29] EF소나타, 아반테XD, 스타렉스차량의 도난 경보시스템의 개략도

[표 30] EF소나타, 아반테, 스타렉스 차량의 도난 경보시스템

단 품	역 할
리모컨	록 또는 언록 스위치를 리모컨 정보와 조합하여 경계진입 및 해제 시그널을 수신기로 송출한다.
수신기	리모컨으로부터 입력받은 신호를 내부에 입력된 리모컨 코드와 비교하여 코드가 일치할 경우 전장제어 ECU로 신호를 출력한다.
전장제어 ECU	수신기로 5V의 전압을 인가하여 전압변화에 따른 리모컨 신호를 입력받아 록 시 전도어를 잠그고 경계 신호 만족 시 경계 상태로 진입한다.

수신기는 리모컨으로부터 입력받은 신호를 내부에 입력된 리모컨 코드와 비교하여 코드가 일치할 경우 전장제어 ECU로 신호를 출력한다. 전장제어 ECU는 수신기로 5V의 전압을 인가하며 전압변화에 따른 리모컨 신호를 입력받아 록 시 전도어를 잠그고 경계신호를 만족하면 경계상태로 진입한다.

14.5 입·출력요소

도난 경보기의 입력요소는 4개의 도어 스위치, 후드스위치, 트렁크 스위치, 4개 도어의 록 스위치이다. 전장제어 ECU는 4개 도어, 후드, 트렁크를 각각 병렬로 감지하여 어느 하나라도 열려 있으면 도난 경계 진입을 보류한다. 또한 4개 도어 록 스위치를 감지하여 4개 도어가 모두 록이 되면 경계상태로 진입한다.

도난 경보기의 출력요소는 비상등, 도난 경보 릴레이, 사이렌, 도어 록 릴레이 등이 있다. 모든 도어, 후드, 트렁크가 닫혀있고 4개 도어가 모두 잠기는 도난 경계상태의 모든 조건이 만족되면 경계상태로 진입하고 그 신호로 비상등을 1회~2회 깜박인다. 만약 도어 록은 되지만 비상등이 깜박이지 않으면 경계상태로 진입하지 못한 것이다.

도난경보 릴레이는 도난 경계상태에서 강제로 문이 열리고 시동키를 키박스에 꽂아서 차량의 시동을 걸려고 할 때 전장제어 ECU가 시동회로를 차단하여 차량의 시동이 걸리는 것을 막고 차량의 도난을 방지하는 장치이다. 사이렌은 도난 경계 상태에서 강제로 문이 열리면 사이렌을 동작시켜 경고음을 내어 도난을 방지하는 장치이다.

도어 록 릴레이는 도난 경계상태로 진입할 때 전장제어 ECU가 4개의 도어를 잠그기 위해 작동하는 릴레이이고 도어 언록 릴레이는 도난 경계 해제할 때 4개 도어가 잠긴 것을 풀기 위해 작동하는 릴레이이다.

[표 31] 도난 경보기의 입·출력요소

입·출력요소		역 할
입력	전체 도어 스위치	4개의 도어 스위치를 병렬로 감지하여 어느 하나라도 열려 있으면 경계진입을 보류한다.
	후드 스위치	후드가 열려 있으면 경계진입을 보류한다.
	트렁크 스위치	트렁크가 열려 있으면 경계진입을 보류한다.
	도어 록 스위치	운전석, 동승석은 독립으로 뒤좌석의 좌, 우는 병렬로 감지하여 도어 록 액추에이터 안의 록 스위치를 감지하여 실제로 도어 록이 되었는지를 감지하여 경계상태로 진입한다.

입·출력요소		역 할
출력	비상등 출력	모든 조건이 만족되면 경계상태로 진입한다는 신호이며 록은 되나 비상등 출력이 없다면 경계조건이 성립되지 않았다고 볼 수 있다.
	도난 경보 릴레이	경계상태에서 침입 발생시 차량 이동을 방지하기 위하여 시동 회로를 차단하기 위한 릴레이 이다.
	사이렌	도난 발생시 경고음 발생
	도어 록, 언록 릴레이	에탁스 신호에 의하여 전체 도어 록, 언록을 수행

14.6 타임차트

14.6.1 도난 경계기능

시동키가 키 박스로부터 탈거되고 4개의 도어와 후드 그리고 트렁크가 모두 닫힌 상태에서 리모컨의 록 신호가 수신되면 전장제어 ECU는 도어록 릴레이에 출력을 내보내어 4개 도어를 잠근 후 도어 록 스위치로 도어가 잠겨 있는 지 확인한 후 비상 경고등을 점등시키고 경계상태로 진입한다. 4개 도어, 후드, 트렁크 중 하나라도 열려 있는 상태로 리모컨 록 신호를 수신한 경우 4개 도어에 도어 록 동작만 수행하고 비상등은 출력하지 않으며 경계상태로 진입하지도 않는다. 반드시 비상등이 점멸해야만 경계상태로 진입했다는 신호이다. 이 때 열려있는 도어를 닫게 되면 비상등을 출력하고 경계상태로 진입한다.

또한 경계상태의 진입은 리모컨으로만 가능하다. [그림 30]은 도난 경계상태의 타임차트를 나타낸 것이다. [표 32]는 도난 경계 상태 진입에 대한 차종별 제어시간을 나타낸 것이다.

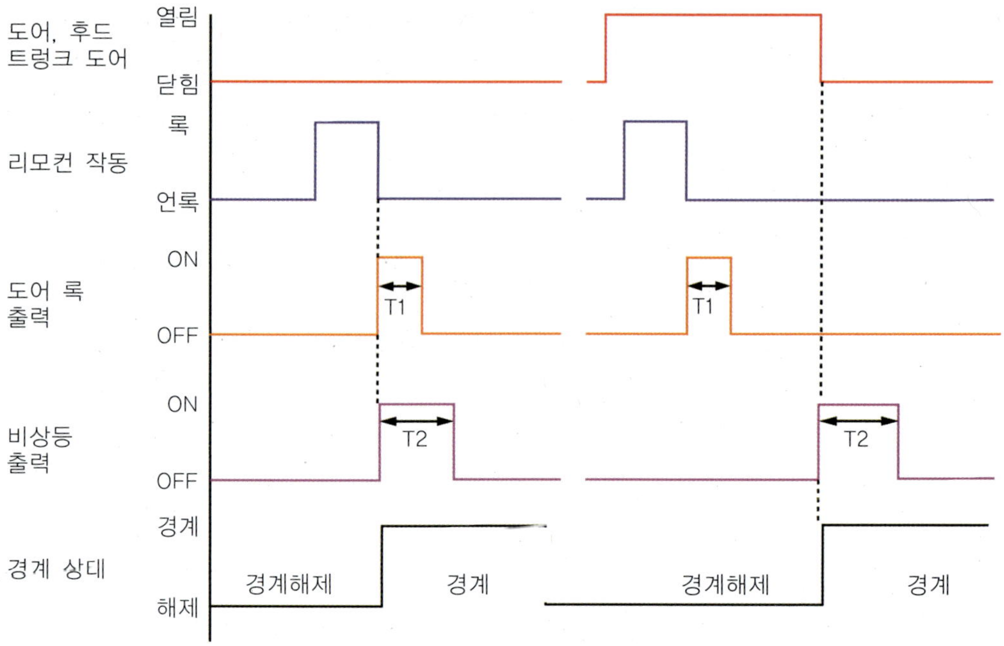

[그림 30] 도난 경계상태의 타임차트

[표 32] 도난 경계상태의 차종별 제어시간

차 종	제어시간	특 징
베르나, 아반테 XD, 트라제 XG, 산타페	T1 : 0.5초 T2 : 1초 이내	도난 경계 진입 시 비상등 1회 점멸
EF 소나타, 그랜저 XG, 에쿠스		도난 경계 진입 시 비상등 2회 점멸

14.6.2 도난 경계 해제기능

전장제어 ECU는 리모컨의 언 록 신호를 수신하면 전체 도어에 언 록 출력을 내고 비상등을 점멸시키며 경계상태에서 해제한다. 차종에 따라서 리모컨과 시동키로 경계가 해제되는 차량이 있으며 오직 리모컨으로만 경계가 해제되는 차량이 있다.

[그림 31]은 도난 경계 해제의 타임차트이다. [표 33]은 도난 경계 해제에 대한 차종별 특징을 나타낸 것이다.

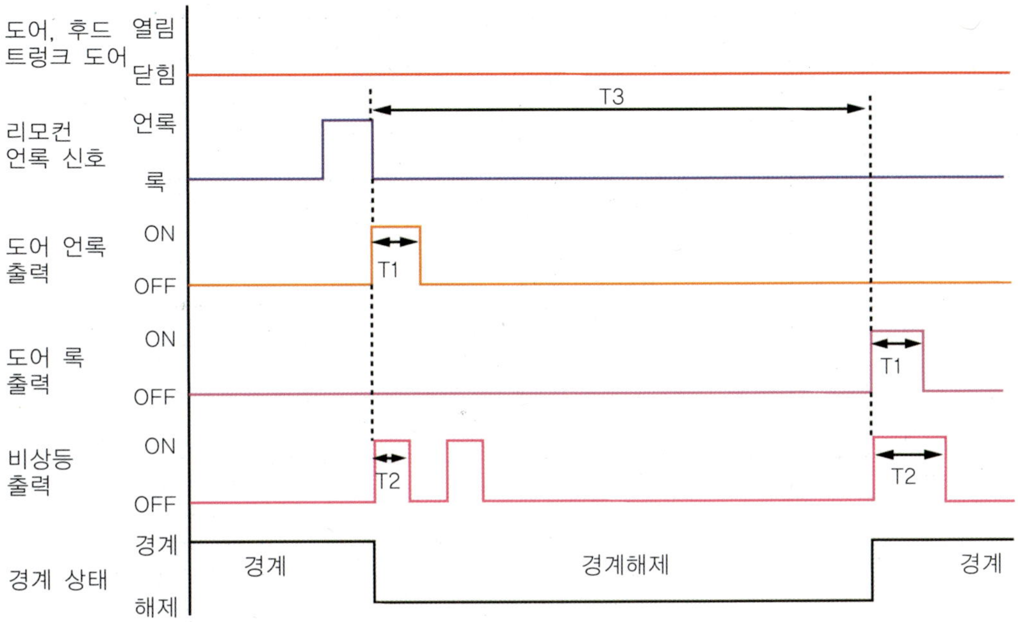

[그림 31] **도난 경계 해제의 타임차트**

[표 33] **도난 경계 해제의 차종별 특징**

차 종	제어시간	특 징
베르나, 아반테 XD, 트라제 XG, 산타페	T1 : 0.5초 T2 : 1초 T3 : 30초	경계 해제 시 비상등 2회 점멸
EF 소나타, 그랜저 XG, 에쿠스		경계 해제 시 비상등 1회 점멸

14.6.3 경보기능

경계 모드상태에서 도어, 트렁크, 후드 중 어느 것 하나라도 열리면 도난경보 릴레이를 ON하여 키에 의한 시동을 금지시키고 경고등 및 사이렌을 울리도록 제어한다. 제어시간은 차종마다 거의 같으며 도난경보기 사양비교표를 참조하면 된다. [그림 32]는 도난 경보의 타임차트를 나타낸 것이다.

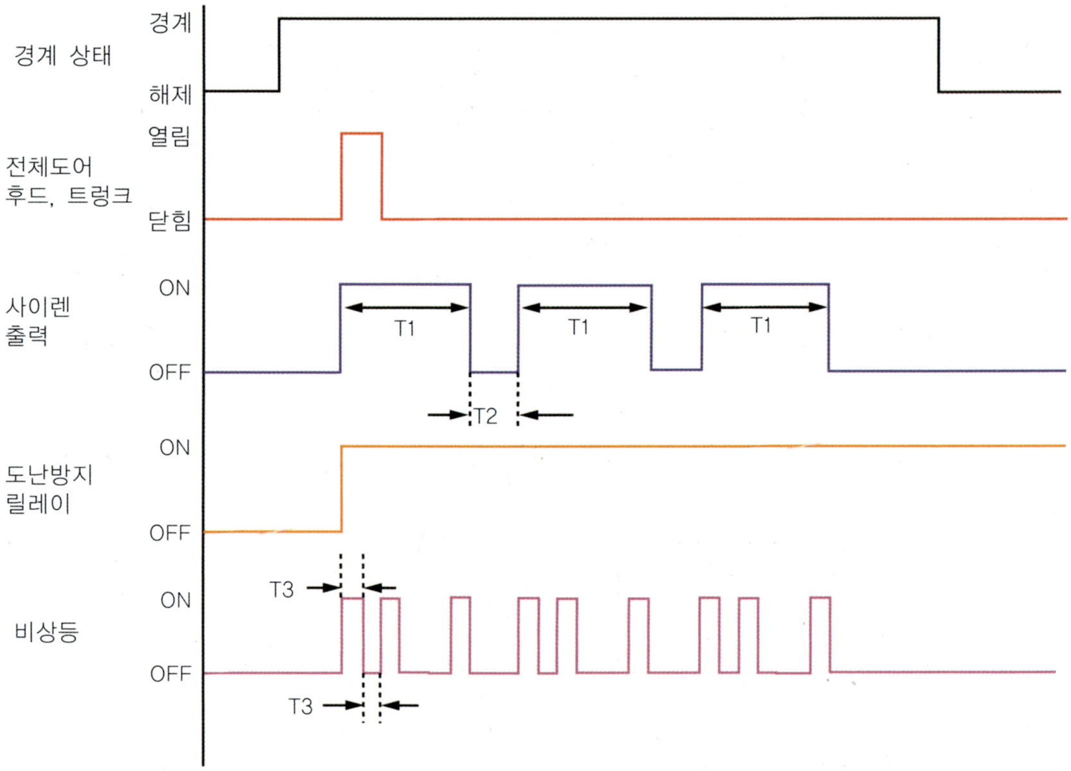

[그림 32] **도난 경보의 타임차트**

만약 경보상태에서 새로운 경보조건이 또다시 발생한 경우에는 차종에 따라 반복하여 사이렌을 작동하는 타입과 잔여시간만 작동하는 타입이 있다. [그림 33]은 경보 상태 중에서 또 다른 경보조건이 발생한 경우의 타임차트를 나타낸 것이다. 차종에 따라 경보 상태가 다르게 나타나고 있는 것을 알 수 있다.

다음 세 가지 조건의 경우에는 리모컨 신호 입력이 금지된다. 첫째 키 박스에 시동키가 삽입되어 있는 경우, 둘째 10초 동안 이종 코드가 15회 이상 수신기로 입력한 경우(30초 동안 리모컨 신호를 받지 않는다) 그리고 셋째는 수신거리 외 지역에서 32000번 이상 리모컨이 작동한 경우이다. 셋째 경우에는 리모컨을 재입력 하여야 한다.

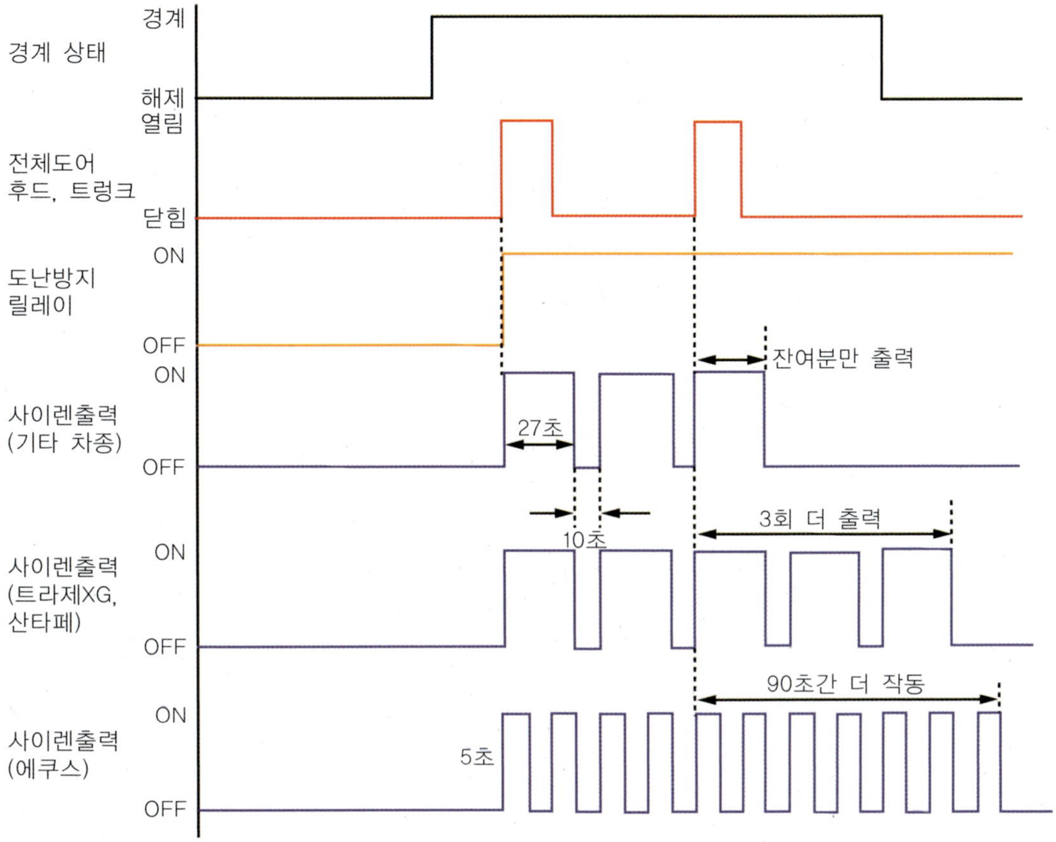

[그림 33] **2개의 경보 조건이 발생한 경우의 타임차트**

14.6.4. 스타팅 재 작동금지

스타팅 재 작동금지 기능은 그랜저XG 등에 있는 것으로서 도난 경보기가 있는 차량에서 시동이 걸리면 도난 경보 릴레이를 작동시켜 시동릴레이가 엔진 구동 중 운전자에 의해서 오작동 되는 것을 방지한다.

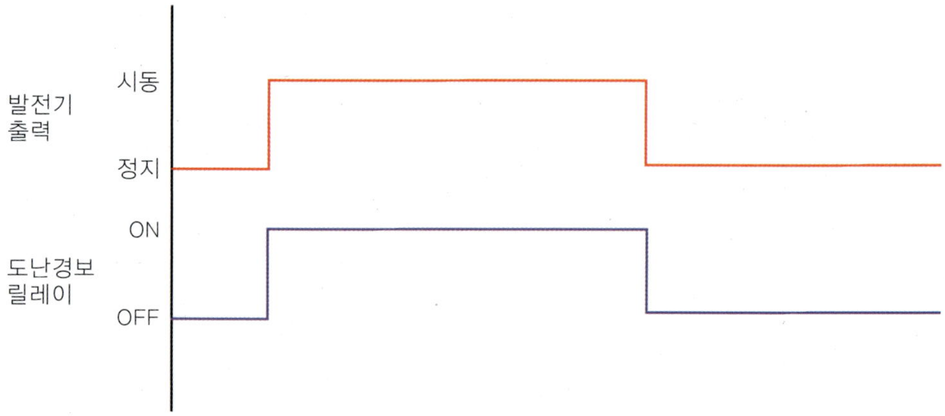

[그림 34] **스타팅 재 작동 금지 제어의 타임차트**

14.6.5 리모컨 스타터(remote starter)

리모컨 스타터는 리모컨으로 차량의 시동을 거는 것을 말한다. 이러한 원격 시동은 반드시 경계상태에서만 가능하다. 사용자가 리모컨의 시동 버튼을 누르면 5초 동안 시동 허가 타이머가 작동한다. 이때 리모컨의 록 버튼을 누르면 즉시 원격 시동 데이터가 송신한다.

전장제어 ECU에서 시동 데이터가 수신되면 원격 시동조건 확인 후 이상이 없으면 IG1 릴레이를 구동시키고 4초 후 시동 릴레이를 구동한다. 만약 시동이 걸리지 않을 경우에는 3번에 걸쳐 재시동 출력을 낸다. 시동릴레이 구동 중 발전기 'L'단자 출력이 나오면 출력을 멈춘다. 그리고 시동이 걸린 후 30초 후 IG2 릴레이를 구동시켜 공조장치 가동을 가능하게 한다.

비상등 램프는 시동 데이터 수신 이후부터 시동이 걸릴 때까지 0.6초 주기 50%듀티로 구동시키고 시동 이후 3초 ON, 1초 OFF로 구동된다.

표 34는 리모컨 스타터의 차종별 제어시간을 나타낸 것이다. 아반테 XD 차량과 그랜저XG 차량을 비교해 보면 시동릴레이가 ON되는 시간에서 약간 다른 차이가 나타나는 것을 알 수 있다.

다음 다섯 가지 경우에는 엔진 시동이 금지된다. 첫째 원격 시동 중 또는 시동 후에 리모컨에 의한 엔진 정지 데이터가 출력된 경우 즉, 엔진 버튼 누르고 5초 이내에 언록 버튼을 누른 경우이다.

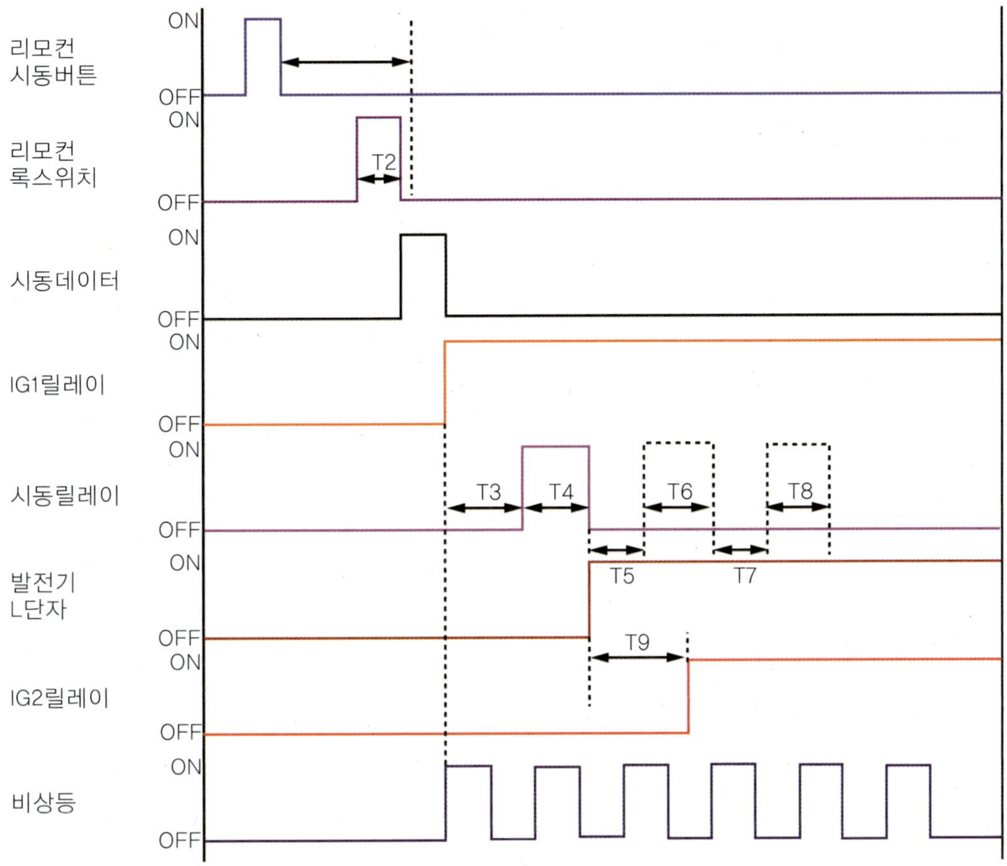

[그림 35] **리모컨 스타터의 타임차트**

[표 34] 리모컨 스타터의 차종별 제어시간

차 종	아반테 XD	그랜저 XG
제어시간	T1 : 5±0.5초 T2 : 1초 이상 T3 : 4±0.2초 T4 : 1초 T5 : 2±0.2초 T6 : 1.5초 T7 : 2±0.2 초 T8 : 2초 T9 : 30±3초	T1 : 5±0.5초 T2 : 1초 이상 T3 : 4±0.2초 T4 : 2±0.2초 T5 : 2±0.2초 T6 : 2.5±0.2초 T7 : 2±0.2 초 T8 : 3±0.3초 T9 : 30±3초

둘째는 원격 시동 후 10분이 경과하면 원격시동은 해제된다.

셋째는 원력 시동 후에 도어를 연 경우이다. 즉 리모컨에 의하여 언록된 이 후 운전자에 의하여 문이 열리면 IG2 릴레이를 OFF한다. 여기서 30초가 경과되면 리모트 스타트 기능을 해제한다. 만약 30초 이전이라도 IG2 전원이 ETACS로 입력되면 리모트 스타트 기능을 해제한다.

넷째는 원격시동으로 시동이 걸린 후 4초 후 '엔진 체크 램프' 가 점등되어 있으면 시동기능을 해제한다. 단 엔진 경고등 점등시 크랭킹은 가능하다.

다섯째는 원격시동 중 혹은 시동 후 경보조건에 돌입하거나 변속레버 'P' 위치, 주차 브레이크 OFF 등의 경우에도 리모트 스타트 기능을 해제한다.

14.7 리모컨 입력방법

리모컨을 입력하는 경우에는 수신기 또는 전장제어 ECU의 측면에 설치된 입력 스위치를 사용하여 입력한다. 이 때 반드시 키는 탈거되어야 한다(아토스 제외).

14.7.1 입력방법

그랜저, 다이너스티 및 아토스 차량을 제외한 전 차종은 다음과 같은 순서로 리모컨을 입력시킨다.

① 수신기 또는 전장제어 ECU의 측면에 설치된 입력 스위치를 OFF위치에서 SET 위치로 옮긴다.

② 리모컨 록 또는 언록 버튼을 누른다.

③ SET위치에서 OFF위치로 옮긴다.

④ 정상동작 유무를 확인한다.

14.7.2 아토스 리모컨 입력방법

① 키 박스에 키를 삽입한다.

② 수신기 측면에 설치된 입력 스위치를 OFF위치에서 SET위치로 옮긴다.

③ 리모컨 록과 언록 버튼을 동시에 누른다.

④ 10초 이내에 록 또는 언록 버튼을 누른다.

⑤ SET위치에서 OFF위치로 옮긴다.

⑥ 정상동작 유무를 확인한다.

14.7.3 그랜저, 다이너스티 입력방법

① 키 박스에 키를 탈거한다.

② 수신기 측면에 설치된 입력 스위치를 동작 위치에서 기억 위치로 옮긴다.

③ 리모컨 록과 언록 버튼을 동시에 누른다.

④ 기억 위치에서 동작위치로 옮긴다.

⑤ 정상동작 유무를 확인한다.

14.7.4. 2개의 리모컨 입력방법

① 수신기 또는 에탁스 측면에 설치된 입력 스위치를 OFF위치에서 SET위치로 옮긴다.

② 리모컨 2개를 각각 록과 언록 버튼을 하나씩만 누른다.

③ SET위치에서 OFF위치로 옮긴다.

④ 정상 동작 유무를 확인한다.

⑤ 만일 리모컨 입력 시 록과 언록 버튼을 2번씩 누르게 되면 리모컨은 나중에 누른 하나 밖에 입력되지 않는다.

QUESTION 01 경계모드 진입 실습

[1] 사이드브레이크를 올리고 변속레버를 "P"상태에 놓는다(수동변속기는 중립위치).
[2] 시동키를 OFF시켜서 뺀 후 운전석을 열고 차에서 내린다.
[3] 자동차 4개의 도어, 후드, 트렁크 문이 모두 닫혀있는지 확인한다.
[4] 자동차 외부에서 리모컨을 사용하여 자동차의 도어를 잠근다.
[5] 사이렌이 짧게 울리며 도어 문이 잠기면서 비상등이 몇 번 켜지는지 확인한다.
[6] 결과를 표에 기록한다.

[실습 결과]

경계모드 진입	
비상등	사이렌
회	회

QUESTION 02

[1] 자동차의 키를 사용하여 문을 열면 사이렌이 울리는 지 확인한다.
[2] 사이렌이 몇 초 주기 동안 몇 번 울리는 지를 측정하고 결과를 표에 기록한다.

[실습 결과]

경보 제어	
경보 (주기)	초
사이렌	회

QUESTION 03

[1] 리모컨을 사용하여 경계모드를 해제시킨다.
[2] 해제시에 사이렌과 비상등이 작동되는지 확인한다.
[3] 사이렌이 짧게 울리며 도어 문이 잠기면서 비상등이 몇 번 켜지는지 확인하고 표에 기록한다.

[실습 결과]

경계모드 해제	
비상등	사이렌
회	회

QUESTION 04

[1] 트렁크를 열어놓은 상태에서 리모컨을 사용하여 문을 잠근다.
[2] 키를 사용하여 문을 열었을 경우 사이렌이 울리는 지 확인하고 표에 기록한다.

[실습 결과]

트렁크 OPEN 시 경계 모드 진입 여부	
작동	비작동

실기

◈ 주어진 자동차에서 편의장치(EATCS또는 ISU)의 작동 신호를 측정하고 기록표에 기록하시오.

1. 룸램프 감광시간, 작동전압의 변화 측정

<table>
<tr><th rowspan="2">측정 항목</th><th colspan="2">① 측정(또는 점검)</th><th colspan="2">② 판정 및 정비(또는 조치)사항</th></tr>
<tr><th>감광시간</th><th>전압변화</th><th>판정
(□에 "✔" 표)</th><th>정비 및 조치할 사항</th></tr>
<tr><td>작동
변화</td><td></td><td>→</td><td>□ 양호
□ 불량</td><td></td></tr>
</table>

2. 센트롤 록킹 스위치 작동 신호전압 측정

<table>
<tr><th rowspan="2">측정 항목</th><th colspan="3">① 측정(또는 점검)</th><th colspan="2">② 판정 및 정비(또는 조치)사항</th></tr>
<tr><th colspan="2">감광시간</th><th>전압변화</th><th>판정
(□에 "✔" 표)</th><th>정비 및 조치할 사항</th></tr>
<tr><td rowspan="4">도어중앙
잠금장치
신호(전압)</td><td rowspan="2">잠
김</td><td>on:</td><td rowspan="2"></td><td rowspan="4">□ 양호
□ 불량</td><td rowspan="4"></td></tr>
<tr><td>off:</td></tr>
<tr><td rowspan="2">풀
림</td><td>on:</td><td rowspan="2"></td></tr>
<tr><td>off:</td></tr>
</table>

3. 에어컨 외기 온도 입력 신호값

<table>
<tr><th rowspan="2">측정 항목</th><th colspan="2">① 측정(또는 점검)</th><th colspan="2">② 판정 및 정비(또는 조치)사항</th></tr>
<tr><th>측정값</th><th>규정(정비한계)값</th><th>판정
(□에 "✔" 표)</th><th>정비 및 조치할 사항</th></tr>
<tr><td>외기 온도
입력 신호값</td><td></td><td></td><td>□ 양호
□ 불량</td><td></td></tr>
</table>

4. 열선(디포거) 스위치 입력신호(전압) 측정

<table>
<tr><th rowspan="2">측정 항목</th><th colspan="2">① 측정(또는 점검)</th><th colspan="2">② 판정 및 정비(또는 조치)사항</th></tr>
<tr><th>측정값</th><th>규정(정비한계)값</th><th>판정
(□에 "✔" 표)</th><th>정비 및 조치할 사항</th></tr>
<tr><td rowspan="2">외기 온도
입력 신호값</td><td>ON시:</td><td></td><td rowspan="2">□ 양호
□ 불량</td><td rowspan="2"></td></tr>
<tr><td>OFF시:</td><td></td></tr>
</table>

5. 와이퍼 INT S/W ON시 전압 측정

측정 항목		① 측정(또는 점검) 상태	② 판정 및 정비(또는 조치)사항	
			판정 (□에 "✔" 표)	정비 및 조치할 사항
와이퍼 간헐 시간 조정 스위치 위치별 작동신호	INT S/W 전압	- ON시 : - OFF시 :	□ 양호 □ 불량	
	INT 스위치 위치별 전압	FAST(빠름)~SLOW(느림) 전압기록 :		

6. 점화키 홀 조명 작동중 출력신호 측정

측정 항목	① 측정(또는 점검)	② 판정 및 정비(또는 조치)사항	
		판정 (□에 "✔" 표)	정비 및 조치할 사항
점화키 홀 조명 출력신호(전압)	- 작동 : - 비작동 :	□ 양호 □ 불량	

7. 에어컨에서 컴프레셔 작동중 증발기 온도 센서 출력값 측정

측정 항목	① 측정(또는 점검)		② 판정 및 정비(또는 조치)사항	
	측정값	규정(정비한계)값	판정 (□에 "✔" 표)	정비 및 조치할 사항
에바포레이터 (증발기) 온도 센서 출력값			□ 양호 □ 불량	

8. 에탁스 컨트롤 유닛 기본 입력 전압(+. −, IG)

측정 항목	① 측정(또는 점검)			② 판정 및 정비(또는 조치)사항	
	측정값		규정(한계)값	판정 (□에 "✔" 표)	정비 및 조치할 사항
컨트롤 유닛 기본입력전압	+			□ 양호 □ 불량	
	−				
	IG				

Chapter

05

부록 - 일반 차량의 정션박스

1. 실내 정션박스
2. 엔진룸 정션박스
3. 릴레이박스
4. 커넥터 식별도

01 실내 정션박스

1.1 실내 정션박스

[앞면]

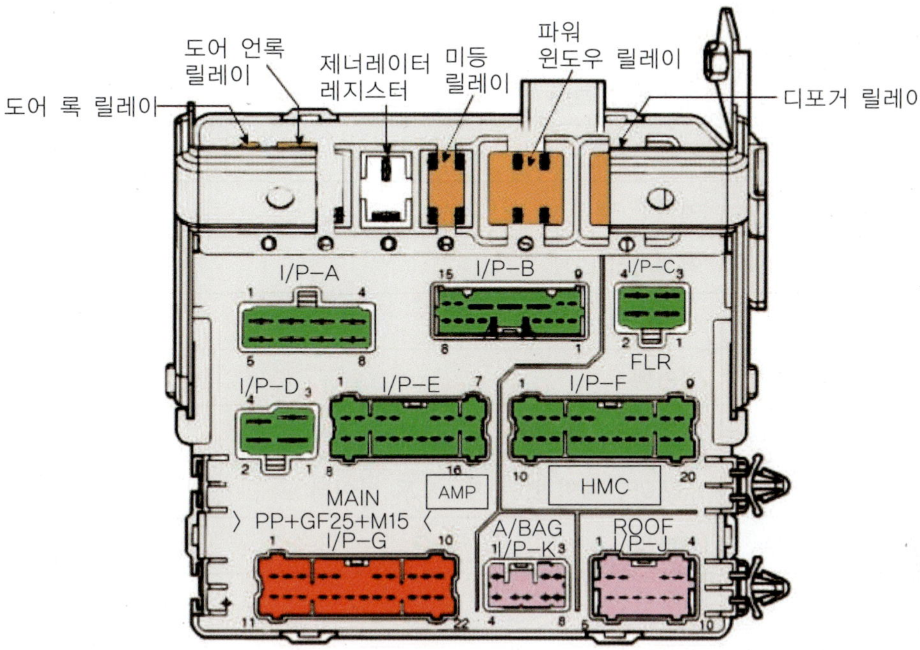

[뒷면]

1.2 회로

퓨즈	용량(A)	연결회로
1	10A	열선
2	10A	비상등
3	15A	ECS
4	10A	에어컨
5	10A	ETACS, 전조등 오토 레벨링, 선루프, 레인센서, 실내감광 미러, 블로워 릴레이
6	15A	자동 잠금문
7	30A	자동시트
8	15A	트렁크 열림
9	15A	정지등, 엔진 컨트롤 릴레이 #2

퓨즈	용량(A)	연결회로
10	10A	전조등
11	10A	에어백 경고등
12	10A	방향지시등
13	10A	에어컨
14	15A	액세서리 소켓
15	15A	시트히터
16	15A	에어백
17	10A	차속센서, 후진등
18	10A	ETACS, 계기판, 시계, 오토 라이터
19	10A	스타팅
20	15A	사용안함
21	15A	사용안함
22	15A	사용안함
23	15A	사용안함
24	10A	키레스 리시버, 체크 커넥터, ETACS, 오디오, 시계
25	10A	미등(좌측)
26	10A	오디오
27	20A	와이퍼
28	10A	실내등, 이그니션 키 조명등
29	10A	안개등, 미등(우측)
30	15A	시거 라이터, 이웃사이드 미러 & 폴딩
31	10A	EPS

02 엔진룸 정션박스

2.1 앞면 위치

2.2 앞면 회로

퓨즈블링크 & 퓨즈		용량(A)	연결회로
컨덴서		20A	컨덴서 팬 모터 릴레이
파워 윈도우		40A	파워 윈도우
이그니션 스위치		30A	이그니션 스위치(ACC, IG1)
ABS 1		30A	ABS 컨트롤
ABS 2		30A	ABS 컨트롤
이그니션스위치		30A	이그니션 스위치(IG2, Start), 스타트 릴레이
라디에이터		30A	라디에이터 팸 모터, 릴레이
30	디포거(뒷유리 열선)	30A	디포거 릴레이
29	ECU	10A	제너레이터, ECM
28	실내정선박스 1 (파워 퓨즈 1)	30A	살내정선박스(퓨즈 12, 13, 16, 17, 18)
27	미등	30A	미등 릴레이
26	선루프	15A	자기진단 점검단자, 선루프
25	파워 앰프	20A	스피커 앰프
24	실내정선박스 2 (파워 퓨즈 2)	30A	쇼트 커넥터 A, 퓨즈 28
23	블로워	30A	블로워 컨트롤
22	다이오드-2		
21	예비 퓨즈	10A	
20	예비 퓨즈	15A	
19	예비 퓨즈	20A	
18	예비 퓨즈	30A	
17	다이오드-1		
16	우측 전조등(Low)	15A	전조등 릴레이 - 전조등(Low)
15	안개등	15A	안개등 릴레이 - 안개등
14	DRL	15A	사이렌
13	전조등 와셔	20A	전조등 와셔

퓨즈블링크 & 퓨즈		용량(A)	연결회로
12	전조등(High)	15A	전조등 릴레이 - 전조등(High)
11	경음기	10A	경음기
10	ERG(ECU)	15A	ECM, 연료펌프 릴레이, 퍼지 컨트롤 솔레노이드밸브, 캠 포지션센서, 이이들 스피드 컨트롤 액추에이터
9	O2센서(산소센서)	15A	O2센서
8	이그니션 코일	20A	이그니션 코일, 이그니션 휠러센서
7	메인(ECU 릴레이)	30A	엔진 컨트롤 릴레이
6	A/T 릴레이	20A	A/T 컨트롤 릴레이, TCM
5	에어컨 컴프레서	10A	에어컨 컨트롤
4	인젝터(연료분사기)	10A	인젝터
3	ABS	10A	ABS 컨트롤 모듈
2	좌측 전조등(Low)	15A	전조등 릴레이 - 전조등(Low)
1	연료펌프	20A	연료펌프 릴레이 - 모터

2.3 뒷면 위치

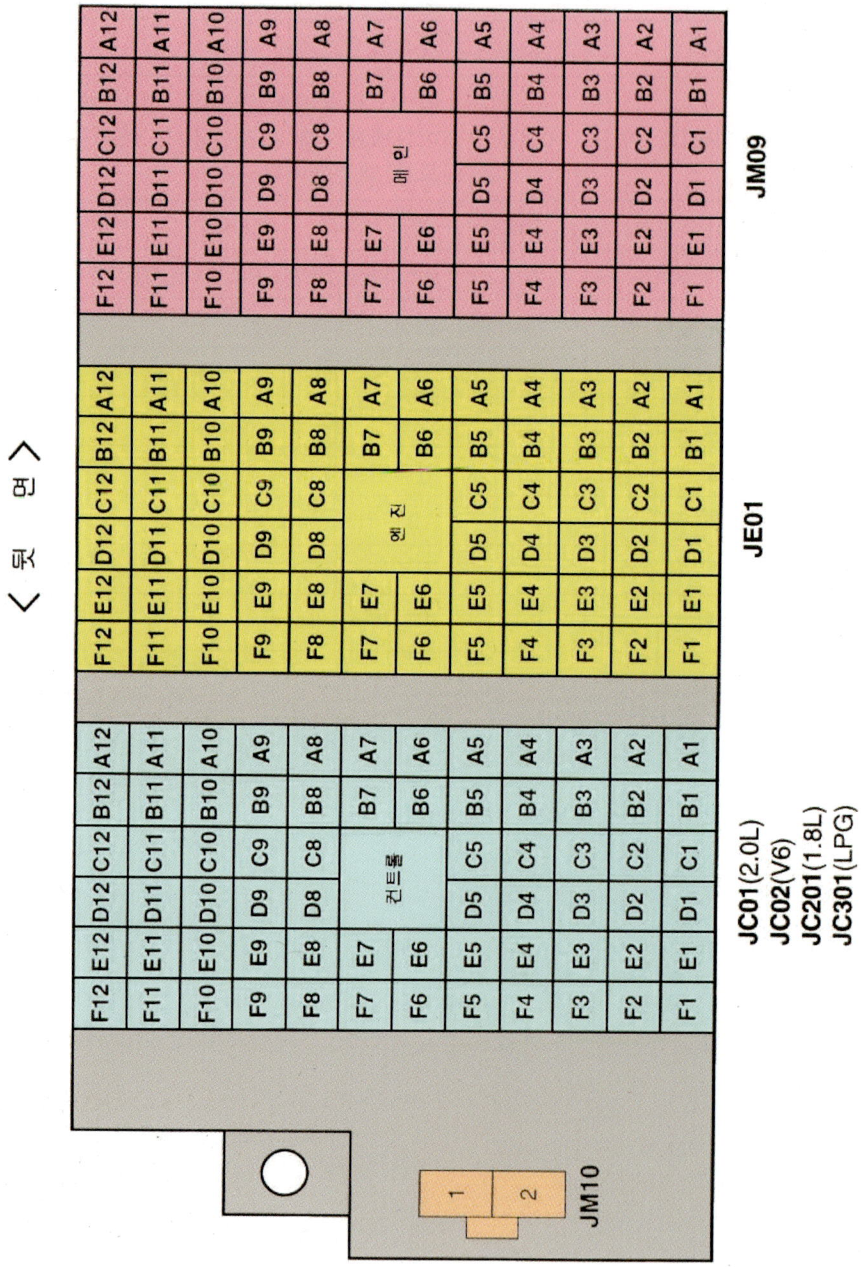

< 뒷 면 >
JM09
메인
JE01
엔진
JC01(2.0L)
JC02(V6)
JC201(1.8L)
JC301(LPG)
컨트롤
JM10
1
2

03 릴레이박스

3.1 릴레이박스의 위치

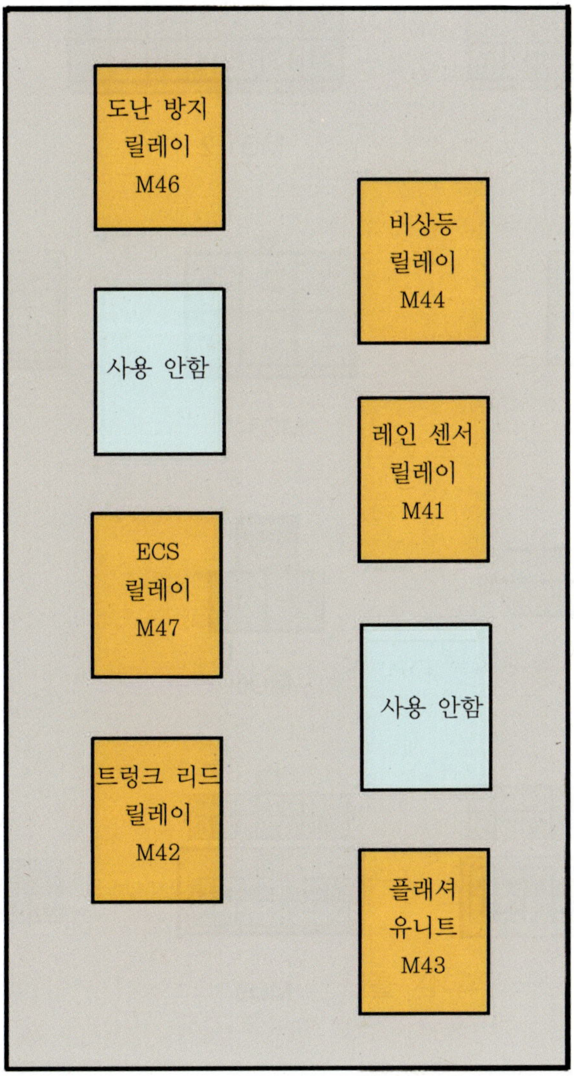

04 커넥터 식별도

4.1 메인 하니스

M01-1

MO1-2

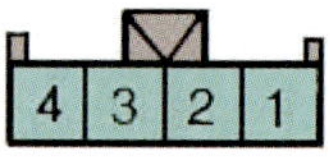

MO1-3

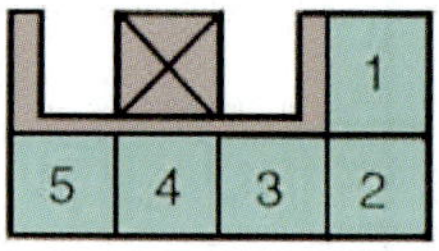

MO2

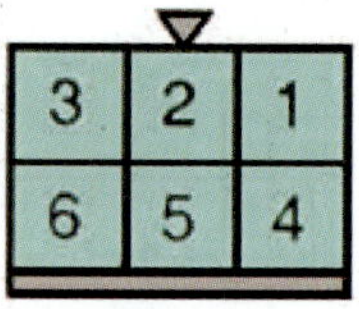

MO3

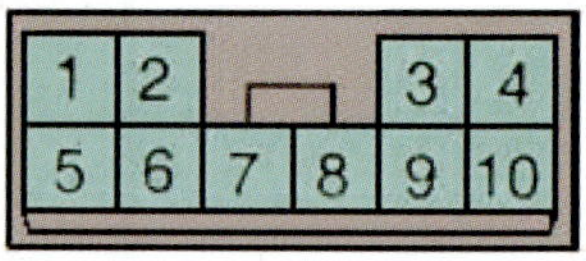

MO4

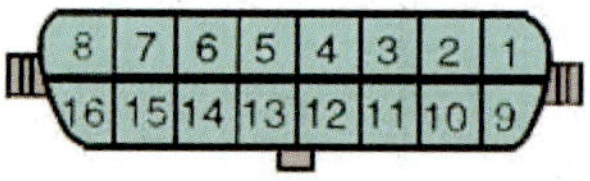

MO5

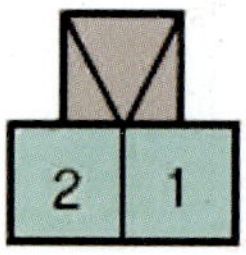

MO6

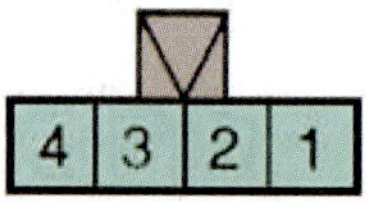

MO7

MO8

MO9

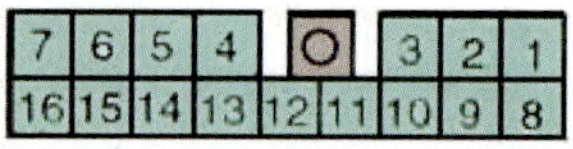

M1O

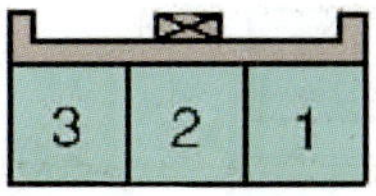

M11

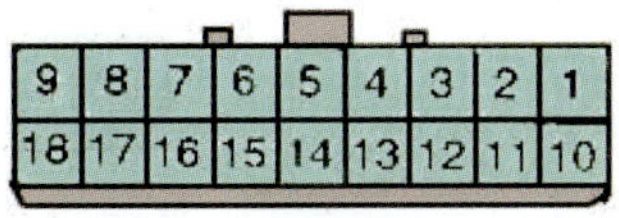

M12

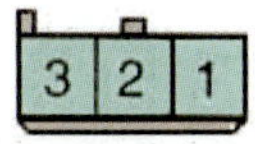

M13

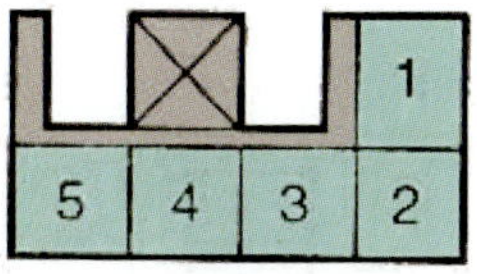

M14

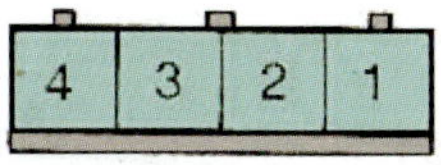

M15

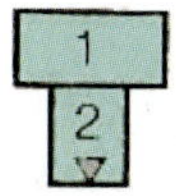

M16

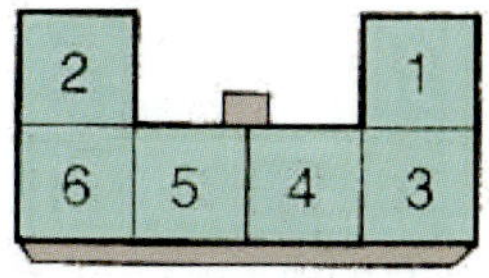

M17

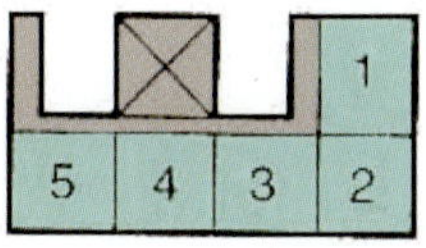

M18

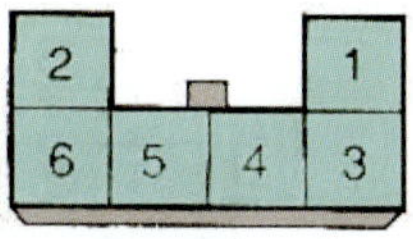

M19

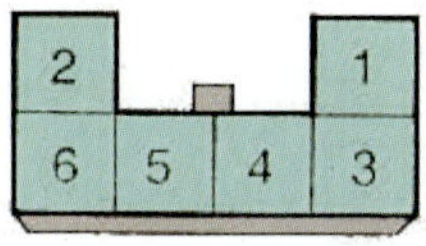

M20

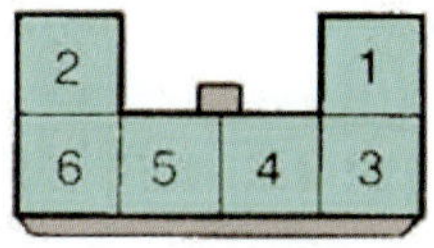

M21

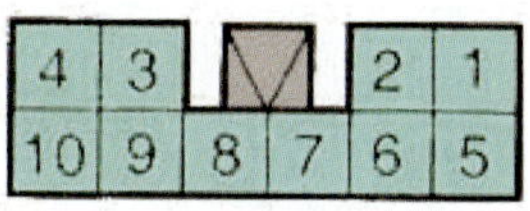

M22

M23

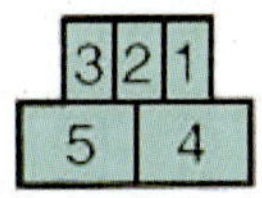

M24

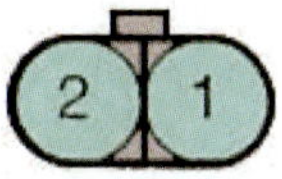

M26

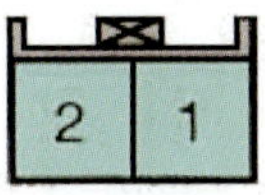

M28

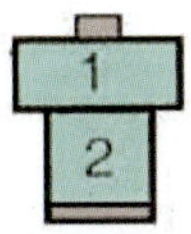

M30

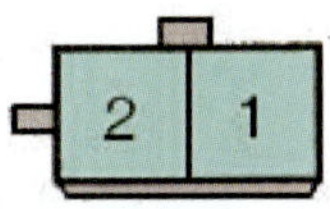

M31

M33-1

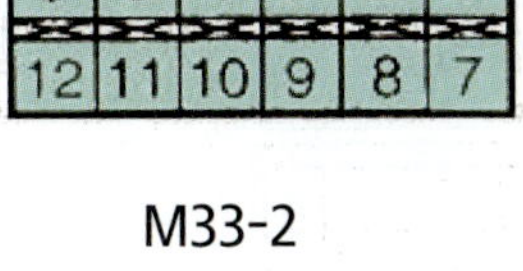

M33-2

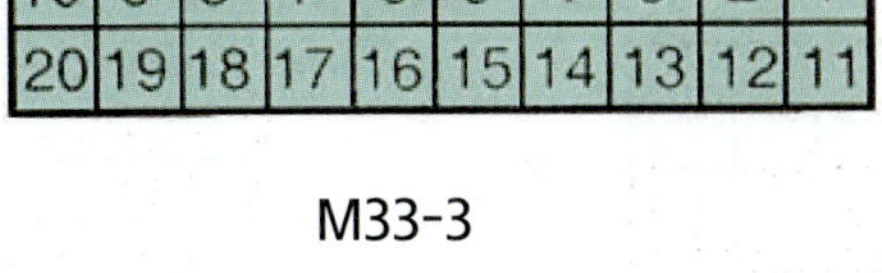

M33-3

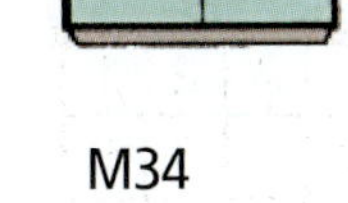

M34

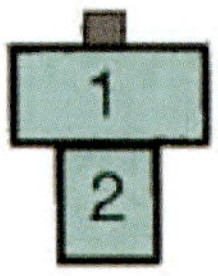

M35

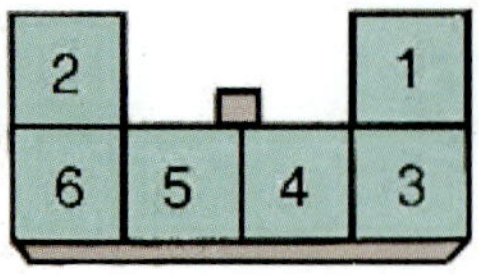

M36

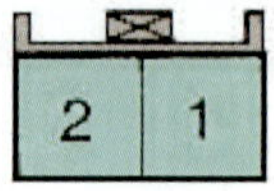

M38

M39

M40

M41

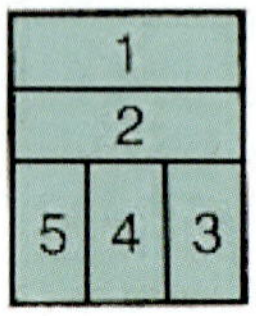

M42

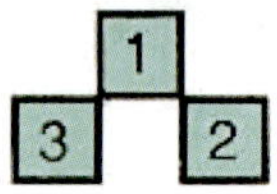

M43

M44

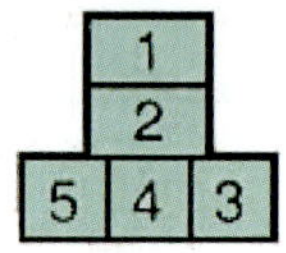

M45

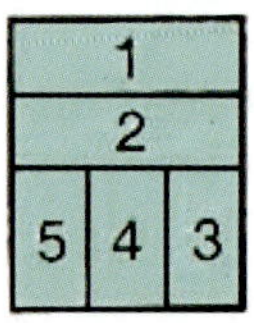

M46

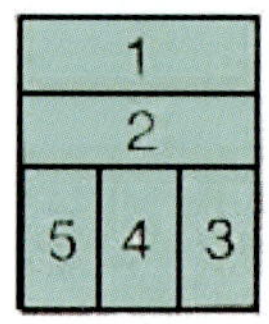

M47

MM06

MM07

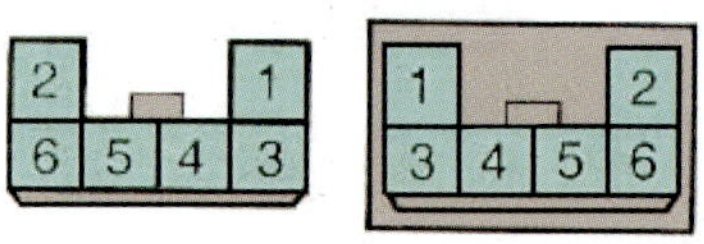

MM08

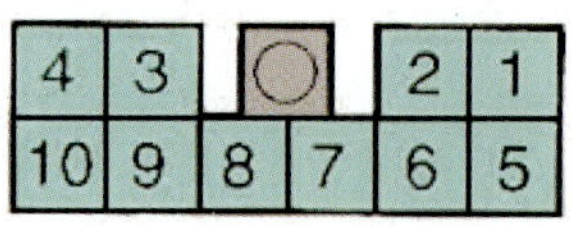

MR01

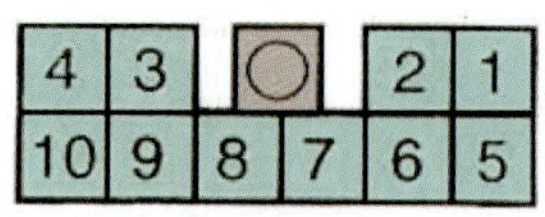

MR02

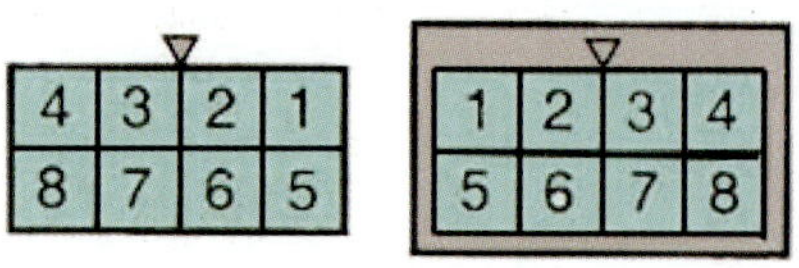

I/P-A

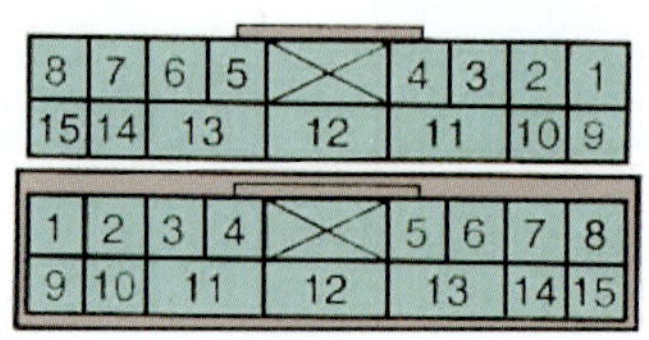

I/P-B

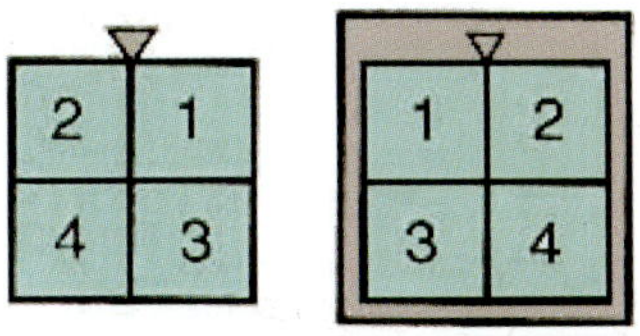

I/P-C

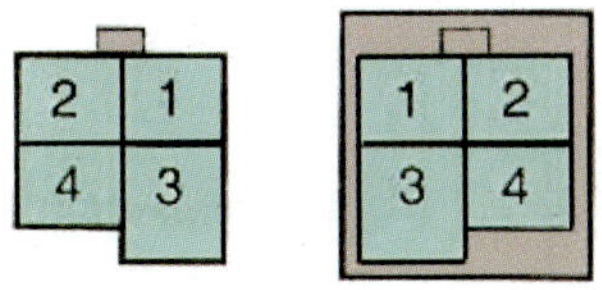

I/P-D

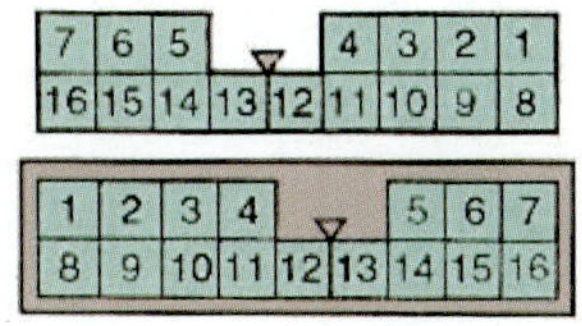

I/P-E

I/P-F

I/P-G

I/P-J

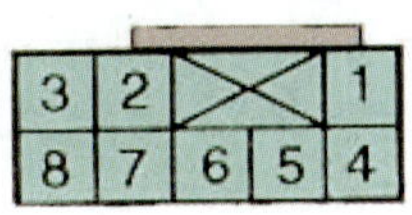

I/P-K

I/P-L

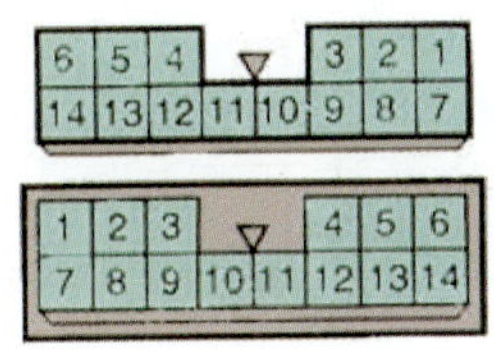

I/P-M

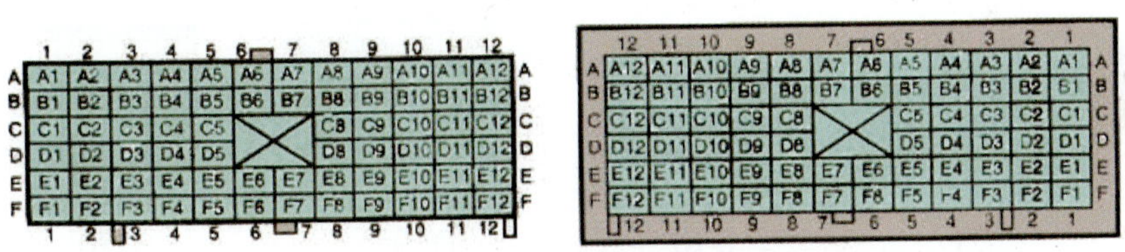

JM09

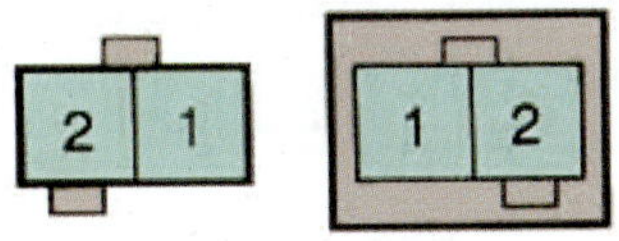

JM10

4.2 도어 하니스

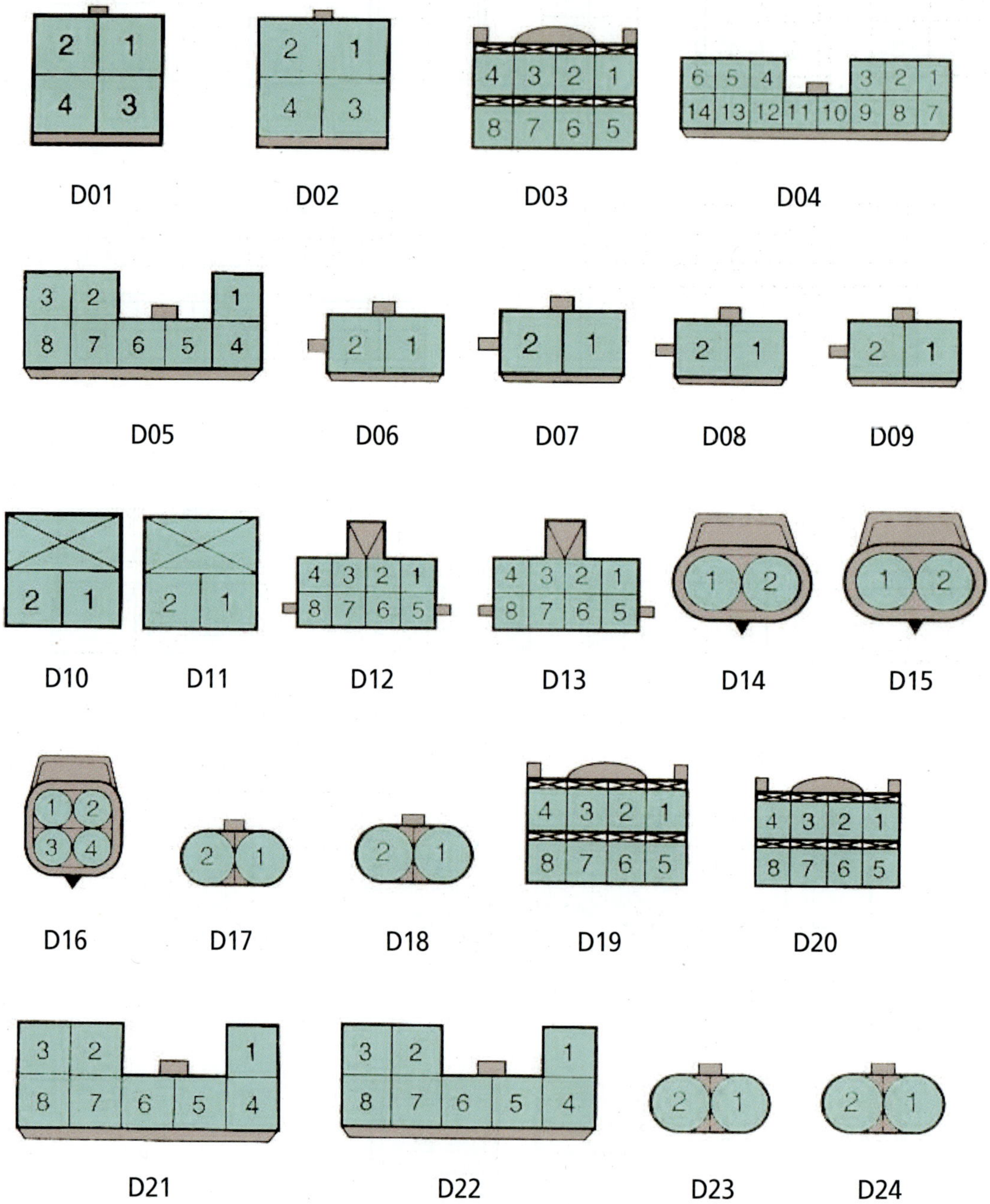
D01
D02
D03
D04
D05
D06
D07
D08
D09
D10
D11
D12
D13
D14
D15
D16
D17
D18
D19
D20
D21
D22
D23
D24

참고자료

- 현대자동차 전기회로집(EF 쏘나타)
- 현대자동차 전장회로집(EF 쏘나타)
- 기아자동차 2010 전장회로도(K7)